U0924929

国　内　贸　易　部　部　编
中等技工学校烹饪系列教材

烹饪原料知识（上）

（第四版）

黄勤忠　主编

中国商业出版社

图书在版编目（CIP）数据

烹饪原料知识（上）/黄勤忠主编．—4版．—北京：中国商业出版社，2000.5（2021.8重印）
ISBN 978-7-5044-1406-9

Ⅰ．烹…　Ⅱ．黄…　Ⅲ．烹饪—原料—技工学校—教材
Ⅳ．TS972.111

中国版本图书馆CIP数据核字（2021）第21147号

责任编辑：刘洪涛

中国商业出版社出版发行
010-63180647　www.c-cbook.com
（100053　北京广安门内报国寺1号）
新 华 书 店 经 销
三河市天润建兴印务有限公司印刷
*　*　*
787毫米×1092毫米　32开　8.5印张　186千字
2000年5月第4版　2021年8月第18次印刷
定价：19.00元
*　*　*　*
（如有印装质量问题可更换）

编审说明

国内贸易部部编中等技工学校烹饪系列教材，是为了更好地为我国社会主义市场经济建设服务，主动适应我国第三产业迅速发展需要和人民饮食结构的变化，大力提高烹饪职工队伍素质，由我司根据《中华人民共和国职业工种分类目录》和有关教学文件的要求，组织有关烹饪高级讲师和长期在教学第一线任教的教师编写的。经审定，可作为国内贸易部系统中等技工学校教材，也可作为职业中学、中级技术等级培训教材和企业职工自学读物。

《烹饪原料知识》是烹饪系列教材之一，由浙江省杭州商业技工学校讲师黄勤忠主编，赵国鸣、徐宝林参加了编写。最后由有关专家教授集体审阅。

在编写过程中得到了许多学校领导和教师的大力支持，在此一并致谢。由于编写时间仓促，水平有限，缺点疏漏在所难免，请广大读者提出宝贵意见，以便进一步修订完善。

国内贸易部教育司

1994 年 10 月

修订说明

《烹饪原料知识》系1982年由原商业部教材编审委员会组织编写，作为商业技工学校的试用教材。1990年，原商业部教材领导小组又组织力量对该书进行了修订，1991年出版发行，是为第二版。1994年，原国内贸易部教育司在此基础上进行了修订，以《烹饪原料知识（上）》的书名出了“新版”，实为第三版。（该书的下册叫作《烹饪原料知识——名特原料与烹饪应用实例》。）《烹饪原料知识（上）》自1994年出版以来，受到系统内外广大读者和使用单位的好评。为适应新的形势和深化教学改革的需要，我们又对本书进行了修订，现作为第四版出版。

本次修订除订正原书中个别文字错讹之外，还适当增补了一些新内容。

由于编者水平所限，书中难免仍会存在疏漏和不妥之处，敬请广大读者批评指正。

编　者

2000年3月

目　录

第一章 绪 论

第一节 烹饪原料的本质

一、什么是烹饪原料

烹饪原料泛指运用于烹饪，制作菜肴、点心、小吃等饮食品的原材料，其与食品工业生产食品的原材料是一致的。但由于它们运用的生产领域不同，制作食品的方法和技术的不同，对同样的原材料冠以不同的名称。运用烹饪手段制作食品的材料称为烹饪原料，运用工业技术手段制作食品的材料则一般称为食品原料。

运用烹饪手段制作食品，是我国传统的食品加工方法，它所形成的食品是人们一日三餐膳食的重要构成，是人体所需营养需要的主要来源。因此，烹饪原料从严格的意义上讲，是指符合饮食要求，能满足人体营养需要，并通过烹饪手段制作食品的食物材料。

二、烹饪原料与烹饪工艺的关系

烹饪原料作为烹饪食品制作的材料，充分表明了它是烹饪的物质基础，一切烹饪活动都是以烹饪原料为加工对象而展开的。烹饪原料既是烹饪质量的基本保证，又是实施烹饪工艺、运用烹饪技术、使烹饪产生良好效果的基本前提。

以传统烹饪工艺技术所构成的中国烹饪，能在世界上享有很高的声誉，就是在不断运用烹饪原料制作烹饪食品过程中，根据烹饪原料不同的品种及性质、质量采用不同的加工方法，逐步形成和完善烹饪工艺技术的。所以烹饪原料与烹饪工艺有着互为条件的关系，烹饪工艺技术的形成和发展离不开烹饪原料的不断开发和利用，而对烹饪原料合理、科学的运用则离不开烹饪工艺技术的不断提高和完善。

第二节　烹饪原料知识的学科性质及研究内容

一、烹饪原料知识的学科性质

烹饪原料知识，是在烹饪教育事业发展过程中逐步形成的一门职业技术学校烹饪专业教学的基础课程，它与其他烹饪理论课、工艺课、实习操作课等共同构成了烹饪专业教学的学科体系，并成为烹饪科学重要的组成部分。

烹饪原料知识又是一门知识性的应用学科。从其性质看，属商品学的范畴，它按商品学的学科体系的要求介绍烹饪原料的自然属性和使用价值。从其涉及的内容看，它与许多自然学科有着密切的联系，如动植物学、园林学、饮食营养学、卫生学、食品化学、微生物学等。它不仅要借鉴这些自然学科的研究方法，而且还要吸取它们的研究成果来丰富自身理论的阐述和充实有关内容。因此，学习烹饪原料知识，对合理、科学地应用烹饪原料，促进掌握烹饪技术，提高烹饪理论水平，都具有重要的作用。

二、烹饪原料知识研究的内容

烹饪原料大多取自于动、植物的有机体，而由于这些生物种属性质的不同，它们在外观形态、组织结构、理化特性以及营养成分的构成等方面都有较大的差别。不同种属的生物生长需要不同的环境和条件，加上人工栽培和饲养的优化结果，形成了不同的品种类别和品质特点，以及因产地、产季不同而形成的特性差别。从而，在烹饪中，各种烹饪原料也就形成了不同的应用范围和加工方法以及使用价值。同时，烹饪原料从生长、生产地到进入消费领域，常会受到自然界温度、湿度、空气等各种因素的影响，并在自身酶的作用下和微生物、寄生虫、化学物质的污染下，原有的品质会发生变化而降低食用价值，甚至含有有害物质不能食用。对此，在烹饪过程中，就必须对各种原料的品质加以鉴定并选择使用，搞好储存保管，才能保证原料的质量及烹饪效果。

因此，对烹饪原料知识的研究应包括以下几方面的内容：

1. 烹饪原料的分类、品种及其产地、产季、生产状况，各种原料分布、供应情况等。

2. 烹饪原料的外观形态、组织结构、性质特点、质量标准，烹饪的适用范围和加工方法等。

3. 烹饪原料的化学成分、营养价值，烹饪中的变化、影响与效果等。

4. 烹饪原料质量变化的因素、品质的鉴定、选择及储存保管的方法等。

第三节　烹饪原料应用、研究的发展状况

一、烹饪原料利用的开始

真正意义上的烹饪原料的利用，始于烹饪的开始，即人类利用火，使食物由生变熟的开始。从时间上可追溯到大约 70 ~ 20 万年以前，当时烹饪原料都需经过采集或猎取而获得。而依靠农业和畜牧业所提供的烹饪原料在世界范围内，根据考古资料的确定，大约出现在距今 12000 ~ 9000 年之间。在我国，从古人类文化遗址中可以发现，距今 5000 ~ 7000 年已有猪、狗、鸡的饲养和水稻、谷子等农作物的种植，而这些较世界上其他民族为早。

二、历史上对烹饪原料的研究

对烹饪原料的研究，在我国首见于三千年前的甲骨文中，其上记载了许多原料的名称，如动物中的猪、狗、鸡、牛、羊、马等，植物中的禾、黍、粟、栗等。在以后的《诗经》《楚辞》及秦代《吕氏春秋·本味篇》等著作中则以不同的形式记载了先秦之前被运用的烹饪原料品种，其品种之多亦属罕见，而且对原料的认识达到了一定的水平。如古代经典著作《周礼》，对烹饪原料已开始作初步的分类，将原料分为“六畜”“六兽”“六禽”等。《黄帝·内经》则根据原料的特性，将原料分为谷、蔬、畜、果等类，并从养生的角度阐述了它们在膳食中对人体的不同作用。

到了清代，李渔的《闲情偶寄》、袁枚的《随园食单》中关于烹饪原料应用的论述，已经比较集中，而且涉及的内容比较广泛，如对选料、质量鉴别、保管应用加工等都做了较为详细的阐述。

从总体情况看，历代对烹饪原料的研究记录大都比较分散，

未形成专著，而且大都为实际经验的记录，但仍可对现代烹饪原料的研究产生重要的影响。认真地进行搜集、归纳、整理，并用现代科学手段加以分析、总结、去芜存精，对建立烹饪原料学科体系有很大的帮助。

三、我国研究和应用烹饪原料的现状

自20世纪50年代以来，随着我国国民经济的发展，促进了第三产业的蓬勃兴起，烹饪行业出现了长足发展的局面。为适应社会需求而培养烹饪技术人才的烹饪教育事业也得到很大的发展。烹饪教育从中技，到大专、本科已初步形成一定的结构层次，烹饪研究机构逐步建立，烹饪刊物出版日益增多，对烹饪原料学科的建立和研究不仅形成了客观要求，而且创造了一定的客观条件，促进了其研究工作的逐步展开。

烹饪原料知识，就是为适应烹饪教育的需要而建立、发展起来的一门专业教学的应用学科。目前，烹饪原料知识作为一门职业技术学校培养初、中级烹饪人才的基础课程，对烹饪原料的研究还处在需不断完善的阶段，尚需随着现代科学技术的发展。广泛地吸取其他自然学科的研究成果，结合科学的方法和手段，对烹饪原料在烹饪应用过程中涉及的所有内容加以科学的阐述，正确地反映它们的理化特性和自然属性，科学揭示其规律、制定标准并合理运用，指导烹饪食品的生产制作，并以此去挖掘和开拓新的烹饪原料品种，丰富我国烹饪食物的来源，促进我国烹饪技术不断地向前发展。

由于经济的发展，人民生活水平的不断提高，人们对消费的要求也越来越高，目前我国对烹饪原料的生产及在饮食行业乃至家庭的运用有如下特点：

1. 烹饪原料的开发迅速发展。国外优良品种引进，地方名特原料以及野生而稀少的动植物原料品种的养殖、种植广泛展开，加之市场销售渠道畅通、货源丰富，保证了烹饪原料的供应和消费档次的提高。

2. 烹饪原料应用的地区和季节限制逐步消失。近几年我国交通运输状况有了很大的改观，并随着改革开放、经济繁荣活跃，人们的社会活动范围扩大，交往增多，促进了各地方菜肴的交融，为烹饪原料相互引用创造了良好的条件，突破原料地区性、季节性的限制不再是可想不可及的难事，从而大大扩大了原料的应用范围，并提高了原料的鲜活程度和烹饪食品的消费质量。

3. 烹饪原料的应用，讲究选择和变化。饮食企业为了提高经济效益和市场竞争力，对烹饪原料的应用在力求鲜活、保证质量的基础上，以选用原料新、奇、名为特点，变化菜肴品种，吸引顾客，满足顾客的消费心理，这在客观上促进了新的烹饪原料品种的开拓运用和烹饪技术水平的提高。

4. 烹饪原料的加工深度提高。随着现代科学技术的运用，烹饪原料的工业化加工程度大大提高。如针对原料不同的组织结构和部位进行分档加工和半成品加工及复合加工等，并以小包装的形式进入商店供应，不仅增加了市场供应品种，保证了原料的规格质量，而且使用方便快捷，适应了饮食业和家居消费的需要。

思考题

1. 什么是烹饪原料？举例说明烹饪原料与烹饪工艺的关系。

2. 怎样认识烹饪原料知识学习的重要性？

3. 目前我国烹饪原料生产和运用有什么特点？对烹饪的发展有什么作用？

第二章　烹饪原料基础知识

第一节　烹饪原料的质量

一、烹饪原料质量的概念

烹饪原料作为制作菜肴点心的材料，关键在于它具有可食性。烹饪原料的可食性是其各种自然属性的综合反映，也是衡量其使用价值大小的尺度。

各种烹饪原料都具有各自的自然属性，如外形、成分、结构、化学性质及营养价值等等。这些自然属性有的天然存在，有的则是在加工生产过程中形成的，作为烹饪原料的自然属性必须适合食用目的和要求。因此，烹饪原料质量就是指其在烹饪中适合制作、食用所应具备的各种自然属性的综合。

根据烹饪原料的自然属性分析，烹饪原料的质量主要包括两个方面，即外观质量和内在质量。外观质量主要指外形，包括结构、色泽、气味、口味和质感等；内在质量指其特性，如理化性质、营养价值等。由此，烹饪原料的质量高低由其外观和内在质量是否符合运用于烹饪的有效性及食用的安全性、营养性和愉悦性来决定。

为了判定某一具体烹饪原料品种质量的高低，一般在烹饪原料品质的基本要求下都有具体的质量指标。这些质量指标既是烹饪原料生产加工的规定标准，又是在烹饪中选用、检验的衡量标准。凡是符合质量指标要求的，就是质量高的原料，否则就是质量低的原料。

二、保证和提高烹饪原料质量的意义

烹饪原料的质量与其他的商品质量一样，其高低是衡量一个国家生产力发展水平的重要标志。保证和提高烹饪原料的质量对保障人民生活，满足消费需求，提高人民的身体素质，提高烹饪技术水平都具有重要的意义。

从生产角度看，烹饪原料质量的保证，是一种有效劳动的反映，否则就是浪费社会资源的表现。烹饪原料质量越低，其食用价值就越低，浪费就越大。

从消费领域来看，烹饪原料作为食物原料是每一个人日常生活的必需食品，其质量的高低直接影响广大群众的消费质量和水平，直接影响其经济利益和身体健康。

从烹饪中看，烹饪原料质量的高低将会影响食品的质量，影响烹饪加工技术水平的发挥，同时也会影响企业的经济效益和社会效益的提高。

三、烹饪原料质量的基本要求

对烹饪原料质量的基本要求，首先是根据人类对膳食的要求和合理营养的原则来确定的。其次也是按照人们对原料的使用习惯和食用价值决定的。烹饪原料质量的基本要求有以下三个方面。

1. 必须具有营养价值。即含有人体所需要的各种营养物质，能满足人体自身的需要。如营养成分种类不全、数量不足、质量不好，烹饪原料的品质就较差。

2. 必须具有食用价值。即应有正常的良好感官性状，符合人的口感要求和食用习惯，易被消化吸收，能满足口腹的享受需要。

3. 必须符合一定的卫生标准。即烹饪原料从内部到外部不应存在有害人体健康的物质，如有的原料含有一些生物毒素，有的被污染了有害的化学物质，还有的因腐败变质产生致毒病菌等，这些都不符合烹饪原料的质量要求，必须加以判别。

四、烹饪原料质量形成的因素

形成烹饪原料质量的因素是多方面的。在一般情况下，主要为生产加工过程中的因素。

烹饪原料大多来源于人工栽培和饲养的动植物体及其加工制品。这一过程中形成原料质量的因素是复杂多样的。

首先是原料的品种，在同一种原料中，不同品种的优劣，原料的质量有较大的区别，品种优良，其质量就好。其次是季节和时间，同一品种由于生产季节的差别以及生长时间的长短，原料的质量就不同。比如家畜、家禽饲养的生长期长短，对其肉质影响很大。第三是原料生长生活的条件和环境，如蔬菜、果品、粮食的种植，土质、施肥、管理、气候、温度和水都会影响其质量。又如动物的饲养，因饲料、管理、喂养方法等的不同，质量也有不同。第四是加工的技术、设备、方法，有了先进的设备、科学的技术和方法，加工的制品质量就高，否则就难以保证质量。

第二节　烹饪原料的分类

一、烹饪原料分类的意义

为了一定的目的和实际需要，按照烹饪原料的性质及有关的特征，选择恰当的标准和依据，将各种各样的烹饪原料品种加以系统的分门归类，叫作烹饪原料的分类。

烹饪原料的分类是一项细致、严密和具有科学性的研究工作。我国在烹饪中运用的原料品种之多，涉及面之广，在世界上没有一个国家能与之相比。对如此众多的烹饪原料进行科学的、适合本学科特点和人们认识规律的分类，使每一种烹饪原料都比较合理地归属到各自的类别之下是非常必要的，具有重要的实际意义。

1. 通过对烹饪原料的分类，可以全面地反映我国在烹饪中运用的所有原料的全貌，使我们能系统地认识烹饪原料的有关知识以及烹饪原料与烹饪技术内在的联系，进一步促进对烹饪原料的开发和运用，促进烹饪技术水平的不断提高。

2. 通过对烹饪原料的分类，可以更好地结合现代自然科学知识，从理论高度对各种烹饪原料的共性和个性加以归纳阐述，深化对烹饪原料的认识，促进中国烹饪理论的不断完善和发展。

3. 通过对烹饪原料的分类，可以使学习烹饪者比较系统而有条理地了解各种烹饪原料的性质和特点，指导烹饪人员对烹饪原料进行选择、检验、保管等实践，提高对烹饪原料合理加工的程度和水准。

所以，学习烹饪原料分类的有关内容，掌握其分类方法是学习和掌握烹饪原料知识的钥匙，对烹饪理论的研究和烹饪技术水平的提高有着重要的作用。

二、烹饪原料分类的原则

对烹饪原料进行科学分类，是烹饪原料加工的基本要求，也是能否达到预期目的的关键。因此，在分类时需要具体掌握以下原则：

1. 系统性原则。即烹饪原料在选择某种方法分类时应按烹饪原料本身固有的属性和某种本质特征作为统一的标志，自成一体。

2. 兼容性原则。即在某种分类方法和分类体系中，要能够包含并兼容所有的烹饪原料品种。

3. 简明性原则。即选择任何一种方法分类，对各种原料的划分归属要一目了然，层次结构要逻辑清晰。

三、烹饪原料的分类方法

怎样进行烹饪原料的分类，一直是人们所研究的课题。到目前为止，已形成了几种比较统一的分类方法。这些方法是从不同的角度进行分类的，因此，各有不同的作用，并各有优点和不足的地方。

1. 按原料的性质分。可分为动物性原料（猪、牛、鸡、鱼）、植物性原料（粮食、蔬菜、果品）、矿物性原料（盐、碱、矾）、人工合成原料（香料、色素）四类。

将各种烹饪原料以其性质来划分，能较好地反映各种烹饪原料的基本属性，简单明了，但是烹饪原料的品种来源广泛、性质各异，在用这种方法分类之后，还需对各种原料进行进一步的分类。

2. 按原料加工与否分。可分为鲜活原料（鲜肉、鲜菜、活禽、活鱼等)、干货原料（玉兰片、海参、虾米、干果等)，复制品原料（香肠、腊肉、肉松等）三类。

用这种方法分类，也是一种粗线条的划分，虽然能包括全部的烹饪原料，但有很多原料在加工时，同一品种由于方法和程度不同，可以加工复制成多种产品。它们既有共同的基本属性，又有加工以后不同的特点。有的原料既能新鲜食用，又可加工成干制品，还能复制加工，因此，在分别阐述这些内容时往往会产生重复，缺乏一定的条理性。

3. 按原料在菜肴生产过程中的地位分。可分主料（指一盘菜的主要原料)、配料（一般指菜点的辅料)、调料（指调味品)、佐助料四类。

这种方法能反映烹饪原料在烹饪中各不相同的作用，但是作为烹饪原料的分类概念不清，反映不出各类原料的基本属性和特点，而且各种烹饪原料在制作菜肴中的地位不是一成不变的，各种菜肴品种不同，其构成的原料在其中的地位作用也会有不同。即一种原料既可在这个菜肴中作主料，又可在另一个菜肴中成为辅料，所以这种方法一般不做介绍原料知识的分类方法。

4. 按原料的商品种类分。可分为粮食、蔬菜、家畜肉及制品、禽肉及制品、干货制品、水产品、果品、调味品等。

此方法是根据烹饪原料产品进入流通环节不同部门而分类的方法，基本上反映了各类烹饪原料共同的性质和特点，是一种类别清楚的分类方法。

5. 其他分类方法。由于上述介绍的四种常见的分类方法还存在一些不够完善的地方，所以目前人们对烹饪原料的分类仍在不断研究，以求得更合理的科学分类方法。使之能照顾到传统的分类习惯，并注意到自然科学的分类原则，较好地反映各种烹饪原料自身的属性及其在烹饪应用中的位置，使烹饪中运用的数千种烹饪原料各有所归，并眉目清楚。目前，已出现一种有机结合上述各种因素的多级分类方法，现介绍如下：

第一级：以在烹调中的地位分为主配料、调味料和佐助料三类。

第二级：以烹饪的性质分。例如主配料属下又分为动物性原料、植物性原料、加工性原料三类。

第三级、以烹饪原料的自然门类分。例如动物性原料属下，分为家畜类、家禽类、野味类、水产类、蛋奶类、昆虫类及其他类。

第四级：以原料不同的种属和特点分。例如水产类所属下，可分鱼类、两栖爬行类、虾蟹类、软体及其他等几类。

第五级：根据各种属介绍具体的原料品种。

采取多级分类，纲目清楚，层次分明，各种原料品种均能被收集归类介绍。为了便于教学，本课程则按商品分类法介绍各类烹饪原料品种及有关知识。

第三节 烹饪原料的化学成分

烹饪原料的种类极多，外观、形态虽千差万别，但都是由一些基本化学成分构成。能够供应人体正常生理功能所必需的营养和能量的化学成分又称为营养素，它们可以分为有机物质和无机物质两大类。有机物质包括糖、蛋白质、脂肪、维生素等；无机物质包括各种无机盐和水。各种化学成分有不同的化学结构和性质，对人体而言有不同的营养作用，对烹饪原料而言，是决定烹饪原料品质、营养价值的重要因素。了解各种化学成分的特性，是认识各种烹饪原料所含的化学成分及营养价值的基础，有利于我们对烹饪原料的质量鉴定、储存、保管等工作，也有利于我们对烹饪原料的选择和合理运用，从而能有效地把含有不同营养成分的烹饪原料科学地加以配合，制成食品，最大限度地发挥烹饪原料的食用价值和营养价值。下面就烹饪原料中具有营养作用的化学成分及其特性作一介绍。

一、糖

糖是生物界三大基础物质之一，是自然界中最丰富的有机物质，它由碳、氢、氧三种化学元素构成。

按其化学性质，糖可分为单糖、双糖、多糖三种。单糖的结构最简单，分子最小，有葡萄糖、果糖、半乳糖等；双糖是由两个单糖分子结合而成，有麦芽糖、蔗糖、乳糖等；多糖则是由三个以上的单糖分子结合而成，一般以淀粉的形式存在于植物中，存在于动物肝脏的糖，叫动物淀粉，又叫糖原。植物中的纤维素也是多糖的一种存在形式。

烹饪原料中含糖成分的情况是不同的。总的说来，糖主要存在于植物性原料中，一般占植物干重的50%~80%，以粮食（谷类）最为丰富，果实及块根、根茎类的蔬菜中含量也较多。动物性原料中则较少，仅占动物体干重的2%以下。糖对人体的主要功能是供给热能，在人类的膳食中，来自糖供给的能量占60%~70%。

以淀粉形式广泛存在于植物性原料中的糖是储备性质的营养成分，在一定条件下可从多糖形式转化为单糖形式。比如，成熟后的水果，所含的淀粉即能转化为葡萄糖。在根茎类原料中也有此现象，如甘薯。这种糖类存在形式的转化能促进人体的消化吸收，因此提高了原料的品质。又如，淀粉都是由很小的颗粒组成，不同品种原料的淀粉颗粒形状和大小不同，淀粉颗粒的大小能影响淀粉的性质，以致形成了烹饪原料不同的品质。

二、蛋白质

蛋白质存在于一切生物的原生质内，是生物体中最重要的组成成分。在烹饪原料中则为具有重要营养作用的营养素。蛋白质主要由碳、氢、氧、氮、硫等元素构成，有的蛋白质中还含有少量的磷、铁、铜、碘。由于它含有氮元素，所以是含氮化合物的一种，既区别于其他营养成分，又表现了它特殊的营养功能。目前，已发现的蛋白质种类达几十种，大多数为无定形的，一般呈液态、半流动态和固态三种形态。我们熟悉的鸡蛋中的蛋清，就是一种呈胶体溶液状态的蛋白质，但在加热后即成凝固体。

蛋白质是由氨基酸分子组成的高分子化合物，其结构复杂，不同蛋白质的分子量相差也很大，目前从蛋白质中分离的氨基酸已达 175 种以上，但其中主要的氨基酸有 20 余种，是人体不可缺少的物质。根据人体的需要，有的氨基酸在人体内可由其他物质转化而得，不一定依靠食物摄取，有的氨基酸人体不能转化合成，必须从食物中摄取，因此氨基酸可分“必需”和“非必需”两类。

在烹饪原料中，蛋白质的含量有很大的差别。一般情况下，动物性原料较植物性原料丰富，质量前者也较后者为好。原因是它们所含的必需氨基酸和非必需氨基酸种类、比例不同，因此蛋白质又有完全蛋白质和不完全蛋白质之分。

蛋白质还有互补的特点，即如果食用两种或两种以上含有不同蛋白质的食物，可使蛋白质的氨基酸得到互相补偿而改善蛋白质的质量，提高食物的营养价值。因此，膳食要讲究主、副食品的混合，粗细食物的搭配。

蛋白质由于分子量大，结构复杂，在烹饪原料组织中的存在形式很多，因此，一般情况下其组织结构是比较稳定的，对烹饪原料的品质变化影响较小，在烹饪过程中由加热造成的破坏也很少。各种蛋白质存在于不同的生物机体的组织中，蛋白质的营养价值亦有差异。如植物性原料的蛋白质，往往被纤维素所包围，不易被酶分解，对人体的消化吸收有影响，这也是植物性蛋白质不如动物性蛋白质营养价值高的因素之一。但富含蛋白质的动物性原料，由于自身酶的作用和微生物的污染，极易引起蛋白质的分解，使原料腐败变质，降低营养价值，甚至产生有害分解物。

三、脂肪

脂肪是由甘油与脂肪酸组成的酯类化合物，含有碳、氢、氧三种基本元素。分解时可得一个甘油分子和三个脂肪酸分子，故又叫三甘酯。脂肪主要存在于动物体的皮下组织及内脏之间的组织和植物的果实、种子里，有液态和固态两种形态。植物脂肪通常为液态，习惯上称为油；动物脂肪一般为固态，习惯上称为脂。

构成脂肪的脂肪酸种类很多，通常分为饱和脂肪酸和不饱和脂肪酸两种。一般情况下，不饱和脂肪酸熔点低，消化率高，可达97%~98%；饱和脂肪酸熔点高，消化率低，约为90%。由于不饱和脂肪酸在人体中不能自行合成，所以又称为必需脂肪酸。必需脂肪酸在脂肪中含量的多少，是脂肪营养价值高低的重要标志。在常温下，呈液态的植物性脂肪中，所含的必需脂肪酸都比较丰富，如豆油、必需脂肪含56%~63%；猪油只含5%~11.1%。因此，植物性脂肪的营养价值一般高于动物性脂肪。脂肪中的甘油成分则无营养价值。

在生物体内，脂肪是热能储存最紧凑的形式，1克脂肪的产热量平均达38千焦耳（约9千卡），是食物中能量最高的营养素。脂肪还有滑润、保护、保温的生理功能。

脂肪暴露在空气中会自发地进行氧化，发生酸臭和口味变苦的现象，其原因是脂肪中不饱和烃链被空气中的氧所氧化，生成过氧化物后被进一步分解所致。花生、芝麻、菜籽、动物性脂肪组织以及食用油脂等，它们富含脂肪，在这些脂肪不饱和脂肪酸含量较多，在较高的温度及湿度下，长时间与空气中的氧接触都会迅速氧化，产生令人不愉快的嗅感和味感，降低了烹饪原料的品质和食用价值。而这一现象，在饱和脂肪酸含量较多的脂肪中则较少发生。

四、维生素

维生素包括许多不同种类的天然有机化合物，它们之所以被归为维生素一类，并不是根据它们的化学特性，而是根据它们对人体的生理功能和作用。维生素作为烹饪原料构成的化学成分之一，是人体维持生命和健康不可缺少的营养素，缺乏任何一种，都会发生特有的病理性的缺乏症状。

维生素的种类很多，目前已发现的达 30 余种，与人体最为密切的有十余种，可分两大类，即脂溶性维生素和水溶性维生素，常见的脂溶性维生素有维生素 A、D、E、K 等，水溶性维生素有维生素 B、C、PP 等。

各种维生素大多存在于植物性原料中，如粮食的谷皮、新鲜的蔬菜和水果，动物性原料中含量极少，一般以动物的内脏及蛋、奶中较多。在烹饪原料中，维生素与其他化学成分相比虽含量比例很低，但人体所需要的各种维生素量极微（约 1~100 毫克），所以，只要注意膳食构成全面就可避免维生素供应的不足。

维生素种类不同，特性也各异，有的怕热、怕光、怕氧化，有的则怕酸、怕碱。所以烹饪原料在保管、加工及烹调过程中极易损失，在烹饪中应尽可能想办法减少维生素的损失。

五、无机盐

在生物体中除去碳、氢、氧和氮四种元素外，其他元素都可统称为无机盐。无机盐也是人体不可缺少的成分。目前在人体中已经查明的无机盐种类有 50 余种，从食物与营养的角度，人体所有健康组织中存在的必需无机盐类约有 14 种，如 Fe、Zn、Cu、I、Mn、Mo、Co、Se、Cr、Ni、Si、F、V 等。人体缺乏这些无机盐时都会引起机体组织和生理上的异常，但在摄取过量时也会影响人体健康。

人体所需要的无机盐大都来自制作食品的烹饪原料。动物性原料中主要有钙、磷、镁、硫、钾和钠；植物性原料中除钙、磷、镁之外，其他无机盐类较多且全，一般含量可在干重的 1%～15%范围内，平均值也在 5%左右，而且以叶部含量最高，可占叶子干重的 10%～15%，所以蔬菜是人们获得无机盐营养素的重要来源。

六、水

烹饪原料中，水分的含量超过任何一种物质成分，通常占总量的 60%～80%。水在动物性原料中分布是不均匀的，肌肉和内脏器官约含 70%～80%。皮肤约含 60%～70%，血液约含 80%。植物性原料含水量一般较高，可占总重量的 70%～90%。

新鲜的动、植物原料虽然含有大量的水分，但是在切开时一般不会流出来，这是因为水分被不同的作用力所系着的缘故。其一部分水和其他化学成分结合在一起，称为束缚水，约占 15%左右。据测定，每百克蛋白质可系着水平均达 50 克，每百克淀粉的持水力约在 30 克～40 克之间。另一部分水则被组织中的细胞膜所阻留，称为滞化水，这部分水占 80%～85%左右。例如，一块重 100 克的肉，总含水量为 70 克~75 克，除去 10 克束缚水之外，还有 60 克~65 克滞化水。

烹饪原料的含水量在一定程度上反映原料不同的品质，并与其耐藏性有着密切的关系，是对烹饪原料进行加工烹制、储藏保管等采取不同方法的重要依据之一。

第四节　烹饪原料的选择

一、选料的目的和作用

烹饪原料是烹饪工艺的实施对象，是制作烹饪产品的物质条件。因此，要制作良好的食品，在正式烹饪之前，必须对所用的原料进行认真的选择，按照一定的食品营养卫生标准和制作要求，有目的地按一定的方法选择合适的原料，用于烹饪制作。

讲究选料，是中国菜点制作所反映的特点之一，对烹饪原料的选择，其根本目的，就是为了使烹饪原料得到合理地应用、符合菜点的制作需要，同时符合人体合理营养的需要和卫生的基本要求。应用于烹饪的原料种类极多，各类原料有众多的品种，每一种品种产地、产季不同，有的还经过加工复制，因而同一种原料质量和感官形态在不同的情况下有较大的差别。在烹饪过程中，如不按各种原料的性质进行选择，不仅很难发挥烹饪原料固有的特点和效用，而且还会造成对烹饪原料的浪费。

烹饪原料在使用中不经选择或选料不当，其制作的食品质量是无法保证的。每个菜点的制作有不同的方法和不同的质量要求，对所用的原料质量要求也就不同。不同的原料质量是形成菜点不同质量的基本前提。比如涮羊肉，在用料要求上，必须选用 25~30 千克重山羊的上脑、大三岔、小三岔、摩档、黄瓜条 5 个部位的瘦肉，才能达到其菜品的质量要求。又如川菜灯影牛肉所选用的牛肉，只能是体积大、筋膜少、肉质嫩、香味足的牛后腿肉，加上精细的刀工处理，才能达到肉片薄、香味浓的特点。由此，选料反映在菜点的制作上是一项有目的的选择工作，只有这样才能保证菜点在色、香、味、形及口感等方面的质量标准。

对烹饪原料的选择使用是烹饪技术的重要组成部分，并与烹饪的其他技艺相辅相成。烹饪原料不经选择使用，纵有良好的刀工处理技术、烹调技术，也难保证菜点的质量。选料是烹饪技术正常发挥的前提和保证。相反，菜点制作的各项技术水平的提高，也能促进选料技术的提高，使选料更合理、更准确。

综上所述，对烹饪原料的选择，可以起到以下几方面的作用：

1. 使原料在烹饪中得到合理的使用，有效地发挥其使用价值和食用价值；

2. 为菜点制作提供合适的原料，保证基本质量，达到应有的质感要求，保持和形成一些菜点品种的传统特色和风味特点；

3. 促进烹饪技术的全面发展和逐步完善，使食品加工更具科学性、合理性。

二、选料的原则

1. 必须按照烹饪食品营养与卫生的基本要求选择原料。烹饪食品是人类生活中高层次的需要，人们必须从食物中摄取各种营养素，以满足自身的生长、发育及各种社会活动消耗的需要。为了保证身体健康和得到口腹享受，食品还必须卫生并具有良好的感官性状。但是自然界动、植物的原料生长、生活条件和环境不同，加之外界因素的影响，使之形成了不同的营养成分构成和卫生状况。能否作为烹饪食品的原料，必须根据人们对食物的营养和卫生的基本要求来选择使用原料，具体讲就是要选择新鲜、无病害、无污染、无有害物质的原料，才能符合这一原则。

2. 必须按照烹饪食品不同的质量要求选择原料。一般情况下，大部分的菜点品种所使用的原料有一定的要求和规格，尤其是一些地方名菜点和传统品种，对原料的选用十分讲究，按照菜点制作的质量要求选择合适的原料品种和不同部位的原料，才能保证烹饪食品的质量和特点。

3. 必须按照原料本身的特点和性质选择。各种原料的性质是不相同的，如口感的不同、质地的老嫩、外观的优劣等。选择原料就是要根据原料的性质特点加以区别，做到看料做菜、扬长避短、专料专用、综合使用，充分发挥原料在烹饪中的作用和使用价值，避免原料的浪费和选料不当而造成烹饪食品质量的下降。

根据上述选料的基本原则，选用的烹饪原料必须具有营养价值、感官性状、口味、质地均良好，并无有害成分以及符合烹饪食品制作的需要等基本要求，这样才能达到选料的目的。

三、选料工作的要求

选料是一项技术性很强的工作，烹饪技术人员要做好这项工作必须掌握以下几点。

1. 对选料的重要性要有正确的认识，掌握选料的基本原则和要求。

2. 要熟悉烹饪中运用的各种原料品种的产地、产季和性质特点，掌握它们最佳的使用时间、使用范围和使用方法。

3. 要掌握各种烹饪食品原料的质量要求和不同质量的原料对烹饪质量的影响，做到因菜选料，因料施烹，使烹饪食品达到完美的境地。

第五节　烹饪原料的品质鉴定

一、烹饪原料品质鉴定的意义

所谓品质鉴定，就是根据各种烹饪原料外部固有的感官特征的变化，应用一定的检验手段和方法，判定原料的变化程度和质量的优劣。由于原料的品质是决定烹饪食品质量的重要因素，因此，搞好原料的品质鉴定工作，有着十分重要的意义。

烹饪原料的品质鉴定是选料的前提，不经品质的鉴定，无法实现选用效果。确切地说，选料的过程亦是原料品质鉴定的过程。在前一节我们已经讲到，选料必须根据菜点的质量要求和原料的性质特点进行，原料的性质如何，必须经过一定的检验才能判别。假如原料因外界各种因素的影响而发生外观形态和内部质量的变化，对这样的原料只能根据变化的程度慎重选用，才能保证食品的质量。

烹饪原料进入烹饪的过程往往需要一段时间，因此必然会受到运输、保管等条件及环境因素的影响，受到不同程度的污染和损伤，发生从外部到内部一系列的变化，对这种变化必须进行检验，根据变化的现象，正确地鉴定其品质。对原料品质的鉴定，是对原料性质进一步了解认识的过程，也是对促使原料变化的各种因素了解认识的过程。这不仅为合理选用原料提供了依据，而且可以对变质的原料进行针对性的加工处理，不致造成材料的浪费和影响食用者的健康。同时为不同的原料采取有效的储藏保管方法提供了根据。所以具备鉴定原料品质的有关知识和掌握基本的鉴定技术和方法是厨师从事烹饪工作必要的条件。

二、烹饪原料品质鉴定的依据和标准

烹饪原料品质鉴定的内容随烹饪原料的品种而异，具体内容主要包括烹饪原料外观质量、内在质量检验等，其依据的标准主要有以下几点：

1. 原料固有的品质。它包括营养价值、口味、质地等指标，也就是原料本身的使用价值。使用价值越大、品质就越好，这同原料的品种、产地有密切的关系。对原料固有的品质的了解和掌握必须建立在运用现代科学检测手段的基础上，通过长期运用原料而逐步认识达到。

2. 原料的纯度和成熟度。这是反映原料品质重要的感官标准。原料的纯度高，成熟度恰到好处，品质就好。其中成熟度是否恰到好处，同原料的饲养或栽培时间、上市季节有密切的关系。不同原料的成熟度有不同的衡量标准。

3. 原料的新鲜度。新鲜度是鉴定原料品质最重要最基本的标准。存放时间过长或保管不当会使烹饪原料新鲜度下降，甚至引起变质。这些变化一般都会从外观上反映出来。我们可据此判断其品质的优劣。

（1）形态的变化。任何原料都有一定的形态，越是新鲜就越能保持它原有的形态，否则必然变形、走样。例如，不新鲜的蔬菜干缩发蔫，不新鲜的鱼会变形脱刺。通过了解形态的改变程度，我们就能判断原料的新鲜程度。

（2）色泽的变化。每一种原料都有天然的色彩和光泽。例如新鲜猪肉一般呈淡红色，新鲜鱼的鳃呈鲜红色，新鲜的对虾呈青绿色等。在受到外界条件的影响后，它们就会逐渐变色或失掉光泽。凡是原料固有的色彩和光泽变为灰、暗、黑，或其他不应有的色泽时，都说明新鲜度已有降低。

（3）水分的变化。新鲜原料都有正常的含水量，含水量变化说明原料品质有了问题。含水量丰富的蔬菜和水果，水分损失越多，新鲜度也就越低。

（4）重量的变化。就鲜活原料而言，重量的改变也能说明原料的新鲜程度改变，因为原料通过外部的影响和内部的分解，水分蒸发，就会减轻重量。如同样的原料，重的就是新鲜的，轻的就是不新鲜的。重量越轻新鲜度也就越低，干货原料则相反，重量增加表明已吸湿受潮，质量就会下降。

（5）质地的变化。新鲜原料的质地大都坚实饱满或富有弹性和韧性。如新鲜程度降低，原料的质地就会变得松软而无弹性，或产生其他分解物。

（6）气味的变化。各种新鲜的原料一般都有其特有的气味，凡是不能保持其特有的气味，而出现一些异味、怪味、臭味以及不正常的酸味、甜味的，都说明原料新鲜度已经降低。

4. 原料的清洁卫生。也是反映原料品质的外感标准。原料必须符合食用卫生的要求，凡腐败变质或受到污染夹有污秽物质、虫卵、致病菌等，均表明其卫生质量下降，已不适于食用。

三、烹饪原料品质鉴定的方法

烹饪原料的品质鉴定主要通过对烹饪原料反映于外部和内部的质量指标，运用一定的检验方法进行的。其方法有理化鉴定和感官鉴定两类。

（一）理化鉴定

理化鉴定包括理化检验和生物检验两个方面。理化检验是利用仪器、机械或化学药剂进行鉴定，以确定原料品质的好坏。运用这种方法鉴定比较精确，能具体而深刻地分析食品的成分和性质，作出原料品质和新鲜度的科学结论，还能查清其变质的原因。生物检验主要是测定原料或食物有无毒害，常用小动物做试验。此外还有用显微镜进行的微生物检验，这种方法可鉴定原料污染细菌、寄生虫情况。进行上述各种检验方法的鉴定，必须有一定的试验场所和设备，检验者也必须掌握熟练的技术和具有一定的科学知识。因此，一般由国家专门设立检测机构，以监督检查市场食品卫生质量。某些原料须经检验合格后才供应市场。近几年来，随着人们饮食水平不断提高，理化鉴定手段也逐步进入饮食行业，开辟了广泛的检验范围。例如，有的省市开始了对烹饪原料烹调成菜肴成品后的营养成分变化和营养价值确定等检测工作，这些都将对中国烹饪朝着理论化、科学化方向发展起到重要的推动作用。

（二）感官鉴定

各种原料在外观上都有本身固有的正常的感官性状，这是原料品质在外部的反映。在对原料应有的感官性状了解的基础上，通过人们的眼、耳、鼻、舌、手等各种感官进行感知来比较、分析、判断，确定其品质的检验方法就是感官鉴定。用感官鉴定原料品质的方法是烹饪工作中最实用、最简便而有效的检验法，具体的方法有下列几种：

1. 嗅觉检验。就是运用嗅觉器官来鉴定原料的气味。许多食品和副食品都有正常的气味，如肉类有正常的香味，新鲜的蔬菜也有清香味。如出现异味，就说明品质已有问题。

2. 视觉检验。视觉检验的范围最广，凡是直接能用肉眼根据经验判别品质的，都可以用这种方法对原料的外部特征（如形态、色泽、结构、斑纹）进行检查，以确定品质的好坏。

3. 味觉检验。人的舌头上面有许多味蕾，当味蕾接触外物受到刺激时即有反应，这就是味觉。不论甜、咸、酸、苦、辣哪一种滋味，都可以辨别出来。有些原料就可以味觉特征的变化情况来鉴定品质好坏。

4. 听觉检验。音波刺激耳膜引起听觉。某些原料可以用听觉检验的方法来鉴定品质的好坏，如鸡蛋就可以用手摇动，听蛋中是否有声音来确定蛋的好坏。

5. 触觉检验。触觉是物质刺激皮肤表面的感觉。手指是最敏感的，接触原料可以检验原料组织的粗细、弹性、硬度等，并以此确定其品质的好坏。肉类、鱼类、蔬菜类都能用这个方法鉴定原料的品质。

感官鉴定的方法，大体上就是这 5 种。这 5 种方法并不是孤立使用的，有的原料往往要几种方法同时并用，才能收到好的效果。如检验一块肉，观察它的形状、颜色、结构有无变化，闻闻气味是否正常，还可以摸摸其质地，根据经验判断，基本上能对肉的品质作出较正确的结论。

在实际工作中，感官鉴定品质的方法是常用的基本方法，它不需要设备，简单易行，可以很快地得出结论。但是，感官鉴定不如理化鉴定精确可靠。

第六节　烹饪原料的保管

一、加强烹饪原料保管的重要性

饮食店为了保证生产业务的正常进行，对一些烹饪原料必须批量购进，适当储备，以供随时取用。因此，对烹饪原料的储存保管是饮食店的一项日常工作。

烹饪原料绝大多数是鲜活动物和植物产品及其加工品，而这些原料所含的营养成分和风味、物质稳定性都较差，从生产领域进入烹饪制作中，一直都在发生着质量的变化，对原料的烹饪质量有着严重的影响。由此，在烹饪原料的储存保管中，以各种手段延缓原料的质量变化过程，保持原料的鲜活程度，降低原料的损耗，保证原料的营养、卫生质量，以至保证烹饪制品的质量，这是烹饪原料储存保管的重要课题。

影响烹饪原料质量变化的因素是多方面的，了解烹饪原料的质量变化现象，了解影响这些变化的因素，掌握控制这些变化的方法，对储存保管好烹饪原料有重要的帮助。

二、烹饪原料在储存保管中的质量变化

（一）植物原料的质量变化

植物原料在储存保管中，由于各种因素的影响，会导致原料萎蔫、老化、腐烂等现象的产生，这些现象主要是植物的呼吸作用、后熟作用、蒸腾作用的结果。

1. 呼吸作用。呼吸是植物性原料在储存保管中最主要的正常生理活动。它是生物体活细胞中复杂的能源物质在多系统的参与下，逐步降解为简单物质并释放能量的过程。植物性原料的呼吸作用能消耗糖和酸等有机物质，使原料的滋味变淡（如水果等），降低营养成分。同时也能产生呼吸热，导致原料的耐储存性降低，容易受到微生物的浸染而引起腐烂变质。

2. 后熟作用。后熟是瓜果类原料采收后成熟过程的继续，也是原料老化的象征。如大白菜储存后味道变甜、质地柔软、绿色减退，后期甚至抽薹。绿熟番茄硬而绿，储存后期逐渐脱绿出现红色或黄色、果肉软化、酸度降低，这是原料中的物质转化、转移、分解和重新组合的表现。但大多数蔬菜在储存中的质量变化，主要是水解过程不断加强，使简单物质积累增多。单糖的积累会刺激呼吸作用，利于微生物的浸染，易使原料腐烂变质。

3. 蒸腾作用。水分通过植物体表以气态散失到空气中去的

过程叫蒸腾作用。植物原料的含水量一般很高，但在蒸腾作用下，原料脱水而得不到补充，则引起组织萎蔫、细胞膨压降低、原料全身疲软、皱缩、光泽减退，这是植物性原料失重和失鲜的典型现象。失重是水及其他营养成分损失的反映，失鲜则是原料食用品质和商品品质降低的反映。

植物原料的蒸腾作用是受环境影响的，空气中的湿度趋饱和时，蒸腾脱水便较缓慢。流动的空气能带走蒸腾散出的水分，而使蒸腾作用加强，加速原料的蔫萎。

（二）动物性原料的质量变化

动物性原料在宰杀或死亡后，其质量的变化主要是动物体的僵直、自溶和腐败。这些变化则是动物体肌肉组织在酶参与下的生化变化和微生物作用的结果。

1. 僵直。又称尸僵，是死后动物体内的糖酵解产生的乳酸在肌肉中积累，使 pH 值下降，肌肉中酶系统活性增强，加之肌肉网自体崩解，钙离子水平升高，ATP 不断分解，参与肌肉收缩运动的蛋白质性质受到严重影响，而导致肌肉组织紧密、挺硬的现象。由于僵直期的 pH 值较低，肌肉组织致密，缺乏肉的特殊香味，故食用价值不大。但从卫生角度看，僵直有利于控制微生物的污染和发展，是动物性原料搞好储存保管，保证新鲜的重要环节。

动物性原料种类因环境温度的不同，僵直的时间不同，一般鱼类的僵直期短于畜禽类，温度高时短于温度低时。从一般的情况看，从死后达到最僵直的时间，鱼类为 1 小时～4 小时，禽类为 6 小时～12 小时，牛为 12 小时～24 小时，猪为 36 小时。当温度在 2℃～3℃时，畜肉的僵直期需 12 天～13 天，12℃时需 5 天，18℃时需 2 天，29℃时只需数小时。

2. 自溶。自溶是动物原料僵直后继续的生化现象，是大量酸性水解酶进入细胞浆质，在酸的激活下，分解细胞内溶物而导致组织软化、液化的过程，其实质是组织营养物降解。动物体的自溶期中，由于 ATP 分解和部分蛋白质的分解，使肌肉多汁、柔软而有弹性，肉的持水性和粘结性明显提高，对食用及烹饪有重要的意义。但此时 pH 值回升为中性，也给微生物创造了极好的繁育环境，因而易腐败变质。因此，部分蛋白质当分解生成水溶性蛋白质，肽、氨基酸达到平衡状态时，就应控制自溶的深入发展，才能保证动物原料的储存保管性能，防止受到微生物的侵染而引起腐败变质。

3. 腐败。腐败是动物性原料在微生物的作用下引起变质的现象。当动物性原料受到微生物的侵染，微生物大量繁殖后所分泌的酶类，即对原料中的蛋白质、氨基酸等含氮有机物深度分解，产生有毒物质（氨类）和恶臭气体，这种现象就是腐败。动物性原料的腐败速度，因其种类、组织结构的不同而不同。水产品因本身带菌多、肌肉含水量大、纤维细而腐败较快；畜禽肉则较慢，如牛肉纤维粗糙、脂肪少、肌肉紧密、结缔组织坚实，其腐败由表及里变化明显。其他肉类腐败过程不明显，局部发现腐败时，已经涉及到整体。腐败的结果，会使原料完全丧失食用价值。

三、影响原料质量变化的因素

（一）原料本身的性质特点

一般食品原料的组织内皆含有多种组织分解酶、性状不安定的营养成分以及不很安定的胶体物质，这些都是促使原料质量变化的自身因素。食品组织酶能引起食品内部的生物化学变化，如肉、鱼类组织的僵直和自溶过程，粮谷蔬菜在收获后仍有呼吸现象等都是这种酶活动的结果。含不安定的胶体物质的食品，如奶，由于酸度的增高会使奶的胶体状态破坏而发生凝固现象。一些不安定的营养素如维生素、脂肪等极易分解破坏而产生原料的变质甚至腐败。

（二）外界不良条件

外界不良条件是极其复杂的因素，一般可分为物理学、化学和生物学三个方面，其中以生物学的原因为主。

1. 物理学方面。包括温度、湿度、光线、空气等的影响。

（1）湿度的影响。过低的温度会使某些原料冻坏、变软甚至腐烂崩解；而过高的温度又会使原料的水分蒸发，引起干枯变质，促进生化作用的加速进行，也有利于害虫、细菌的繁殖和生长，使原料被蛀蚀、霉烂或腐败变质。温度过高还会使马铃薯等蔬菜因呼吸增加而发芽，引起质变。

（2）湿度的影响。由于空气的湿度过大会引起一些干货原料的吸湿转潮而致发霉变质。有些原料还会结块、变色，如面粉等。

（3）日光的影响。日光的照射会加速原料的变化，例如脂肪在日光照射下会加速氧化使之酸败分解。有的原料因日光照射而变色、营养成分受损或滋味变坏。某些禾谷、蔬菜在日光照射下因温度升高而发芽。

此外，有些多孔及含脂肪的原料很容易吸收外界的异样气味而引起气味和外表的变化，例如蔬菜与动物性原料放在一起，就会染上动物性原料的气味。

2. 化学方面。主要指一些重金属化学物质对原料的污染。原料盛装器皿混有如铅、铜、锌等重金属元素，可作为催化剂促进酶的作用，加速食品的腐败变质，而且会对人体健康产生不同程度的危害。

3. 生物学方面。包括微生物和鼠虫等作用，其中微生物的危害较大。

微生物主要指霉菌、某些细菌和酵母菌，它们的活动与温度、湿度、酸碱度有很大的关系。霉菌在温度较高的潮湿环境中和中性或弱酸、弱碱的情况下，容易繁殖，活动性很强。原料受潮后，由于含水量增高就会被霉菌侵袭而发霉，在内部或外部出现斑点、变色并产生霉味。如粮食、花生等尤其易被霉菌污染而变质。

细菌适应性很强，能在各种环境中生存繁殖。有的能在高温下继续生存，有的在低温中亦能存活，有的在盐溶液浓度较高的条件下也能繁殖，有的还能在无氧的环境中活动。它们最宜生活的温度一般在25℃~30℃左右。自然界有很多细菌会使原料腐败变质。如牛奶感染了乳酸杆菌，会使其含有的糖分解而产生乳酸，使牛奶产生酸味；肉类感染了变形杆菌、产芽孢杆菌等就会使蛋白质分解而引起腐败变质，产生腐败臭味。

酵母菌有引起发酵的特性，它普遍存在于自然界中。天然酵母菌可使一些食物表面生长白毛，有的酵母菌会使泡菜变红，有的还能发酵水果中的糖，有的会使黄酒和啤酒浑浊发酸，最终使原料的品质下降。

四、原料保管的方法

原料的保管，不管是采用传统保管还是采用现代技术保管的方法，其基本原理主要是通过一定的手段，有效地控制原料保管时的温度、水分、pH 值、渗透压，造成不适于微生物发育、繁殖的环境，以抑制及杀灭微生物，抑制和破坏原料组织酶的活性，从而控制原料的腐败变质，达到保藏的目的。同时也创造良好的保管条件和环境，防止其他各种因素对原料的影响，保证原料的基本质量。归纳起来，烹饪原料的保管主要有以下几种方法：

（一）低温保藏法

低温保藏法是保管烹饪原料最普通、最常见的方法。因为低温可以有效地抑制或杀灭微生物的生长繁殖，还能延缓或停止原料内部组织的生化过程，所以一般烹饪原料都可以用低温的方法保管。低温保管法主要采用冰块或机械或化学剂制冷，把绝对温度降低在一定水平上，使原料处在低温状态下。冰箱、冰库及冷冻库等都是低温保管法的常用设备。低温保藏的温度要随不同的原料而定，比如动物性的鱼类、畜禽肉类，温度一般在 0℃ 以下，而蔬菜就不宜过低，一般应在 0℃～4℃之间。

把原料保藏在 0℃左右温度下，是一种常用的短期保藏原料的基本方法。如果原料需长期保藏，必须应用冷冻的方法，就是把原料保藏于 0℃以下更低的温度中，使原料冻结。通常冷冻方法又可分为缓慢冷冻和快速冷冻两种。

缓慢冷冻就是把温度逐渐降低至原料所需冰点。这种方法能使原料内部可溶性物质含量较少的组织液首先形成冰结晶，并随着温度的逐步下降而使结晶块不断增大，以致细胞内原生质发生脱水现象，同时压迫周围细胞，使细胞发生变形或破裂。因而在解冻时，由于冰融化的水较多，而细胞的持水能力下降，又不能很快地渗透到细胞内而流出，致使细胞不能恢复原状，原料感官性状发生改变，可溶性物质及一些芳香性物质也会随水流出而损失。

快速冷冻是以骤然下降的低温（-20℃）将原料快速冻结起来的方法。因温度低，故在原料组织的细胞内及细胞间能同时形成许多小的冰块，使周围的细胞膜受到极小的损伤。解冻后，溶化的水分仍保留在细胞组织内外，易使细胞恢复原状，因此营养成分损失较少，感官质量亦不受影响，比如新鲜蔬菜进行强制速冻，一般用20分钟或更少时间，细胞壁基本不受破坏，因而也就较好地保持了蔬菜原有的新鲜质量。

冷冻法的保藏时间较一般的冷藏法为长，但冷冻法所需要的条件、设备很讲究，在饮食业内部则使用较少，而且由于冷冻程度强，原料在使用时必须解冻，不适当的解冻方法也会严重影响原料的质量。一般以自然解冻为好，但时间较长。现在有些国家在食品工业上对冷冻原料采用“高频解冻法”，即通过感应电产生高频波均衡地到达原料的深部，缩小表里之间的温差，对保持原料的品质特别有利。

在采用低温保藏法时，为保证保管原料的质量，首先应根据各种不同性质原料的临界温度保持足够的冷度；其次也应注意冷藏的湿度，湿度过高温度控制不适原料容易发霉，湿度过低易造成原料的冻干而变质。此外还要防止冰块及冰水污染原料，不可让原料与它们直接接触。另外，原料冷藏时应互相隔离，特别在原料已有轻度变质时尤要注意，否则会互相污染气味，影响质量。

（二）高温保藏法

高温保藏法也是饮食业保管原料经常使用的方法，因为微生物对高温的耐受力较弱，当温度超过80℃时微生物的生理机能减弱并逐步死亡，防止了微生物对原料的影响。高温还可以破坏原料中酶的活性，防止原料因自身的呼吸作用自体分解等引起的变质，以达到原料保藏的目的。

高温保藏法一般是将原料通过加热提高温度而杀灭微生物。在饮食业中，该法是一种短期的或暂时性的原料处理措施，如需过夜的剩余半成品原料和成品。又如蟹肉的传统保管也采用高温熬煮，可存放较长时间而不变质。采用高温加热后的原料应立即降温，否则原料或食品内部的温度不迅速散发，也会引起变质，高温处理后的原料还要注意防止重新污染，不然仍会变质。

（三）脱水保藏法

脱水保藏法就是通过一定的干燥手段，使原料降低含水量，从而抑制微生物生长繁殖达到保藏原料目的的一种方法。原料脱水的方法有日晒、晾干和加热烘干等。

由于原料脱水是暴露于空气中和阳光下或经过加热实现的，因此不仅容易使营养成分受到一定程度的破坏（如蛋白质变性、脂肪的流出和氧化等），而且也容易使原料受到污染（如空气中的灰尘），还会改变原料的感官性状。所以原料脱水，应尽量以保持原料的营养成分、原有的感官性状及经吸水后仍能较好地恢复原状为原则。采用适当的脱水方法，改善脱水时的条件，提高脱水保藏原料的效果。脱水保藏的方法一般适用于蔬菜、山珍、海味等原料。

（四）密封保藏法

密封保藏法是将原料严密封闭在一定的容器内，使其和日光、空气隔绝，以防止原料被污染和氧化的方法。这种方法可以使原料久藏不坏，如罐装的蘑菇、冬笋、芦笋等。有些原料经过一定时间的封闭，还可使其风味更佳，如陈酒、酱菜等。在豆瓣酱、酱油瓶中注入一点麻油，霉菌就不易生长。火腿表面涂上石蜡即可长期保存不变质，这些都是利用隔绝空气的原理使用的密封保藏法。

（五）腌渍和烟熏保藏法

腌渍和烟熏既是加工制作食品的一种方法，可增加各类食品的风味特色，又能起到较长时间保藏的目的。常见的方法有以下几种：

1. 盐腌保藏法。这是家庭、饮食行业、食品工业都常使用的方法。它是利用在盐腌原料的过程中所产生的高渗透压使原料中的水分析出，同时使微生物细胞原生质水分渗出，蛋白质成分变性，从而杀死微生物或抑制其活力，达到保藏原料方法的目的。不同的微生物对各种盐浓度的抵抗力不同，一般盐腌法使用的食盐浓度在10%～15%就可抑制微生物的生长。盐腌时应注意盐的适当使用量，并在低温环境下腌制才能达到较好的效果。盐腌后部分维生素、无机盐可随水分而析至盐水中或被破坏损失，同时能使动物性原料的肌纤维变硬，不易被人体消化，故盐腌会使原料的营养价值降低。但原料盐腌后有特殊的风味，加工烹制后香味浓郁，口感鲜咸，加之此法简单易行，所以广泛运用。

2. 糖渍保藏法。原理、方法同盐腌相似，就是把原料浸在糖溶液中，利用糖溶液的渗透压作用抑制微生物的生长繁殖，以达到保藏原料之目的。此方法也适于食品的加工，如蜜饯、果脯、炼乳、果酱的制作。用糖渍原料，糖的浓度应在60%～65%以上才有良好的效果，能使原料保藏较长时间，同时具有较佳的风味。

3. 酸渍保藏法。利用食用酸来提高原料的氢离子浓度，抑制腐败菌生长繁殖的保藏原料方法。因为大多数的腐败菌在pH4.5以下时发育会受到抑制。用于酸渍的食用酸都为有机酸，如醋酸、柠檬酸和乳酸等。其中醋酸酸性最强，乳酸酸性最弱。故常见的醋渍黄瓜、糖醋大蒜就是用含醋酸较多的食醋腌渍的。另外还能利用特殊微生物的发酵作用使原料本身所含的糖发酵成酸来保藏原料。如泡菜、酸白菜等就是利用乳酸菌发酵的作用，一方面抑制了其他腐败微生物的生存，使之具有保藏的作用，另一方面还可以增强酸发酵制品的风味。

4. 酒渍保藏法。利用酒精所具有的杀菌能力保藏食品原料的方法。即用酒或酒糟浸渍原料，即可达到较长的保管时间，还能增强食品原料的特殊风味。如醉蟹、醉虾等都是用酒渍方法加工的。酒渍保藏法对酒很讲究，白酒酒精含量高，杀菌能力强，适用于鲜活的水产原料。黄酒酒精含量少，且具香味，适用于需出水后酒渍的原料，如醉鸡等。

5. 熏制保藏法。用烟熏烤加工食品的方法。在饮食业中常用此法制作菜肴，如熏鱼、熏鸡等。在食品加工业中运用可增加食品的风味，还可使食品长期保藏，如熏腊肉制品。因为烟熏能提高原料的渗透压，使原料部分脱水，另外烟中含醛酚等物质能阻止细菌的生长而达到防腐保藏的作用。但是烟中也含有苯环芳烃类的有毒物质，所以对烟熏的原材料选择必须注意，以减少有害物质的污染。

（六）气调保藏法

气调保藏法是目前一种先进的原料保藏方法，它以控制储藏库内的气体组成来保藏食品及烹饪原料，多用于新鲜蔬菜及水果的保藏。

控制储藏库内的气体组成，主要指降低库内的氧气含量和适当提高二氧化碳含量，并配以适宜的低温，使蔬菜或水果的呼吸作用降低到最低的水平，抑制乙烯的产生（乙烯是水果的成熟激素，是一种不利于水果、蔬菜长期储藏保鲜的气体），因而能够较长时间保持原料的品质和鲜度。比如储藏西红柿，库温控制在6℃~8℃，空气中氧气和二氧化碳的含量分别控制在3%~5%和5%~9%的，可储藏5个星期仍保持原来鲜度储藏豌豆类，库温控制在0℃，氧气和二氧化碳分别控制在10%和3%，可以储藏四个星期。储藏土豆，库温控制在3℃，氧和二氧化碳分别控制在3%~5%和2%~3%，可储藏8~10个月。可见，根据不同的原料，控制不同的库温和氧及二氧化碳含量直接影响着储藏时间的长短。

气调保藏法可因陋就简，利用塑料薄膜大帐和塑料薄膜口袋的密封性能，减少原料与空气的接触储藏原料。目前这种先进的气调储藏技术被迅速地推广应用，这对改进原料的保管方法，提高原料的保管质量，防止浪费，改善市场的供应将起到越来越大的作用。

（七）核辐射保藏法

这是一项应用原子能保藏原料的新兴技术。经研究表明，原料经辐射后其蛋白质、脂肪、糖等仍与原来基本相同，对人体也无相关的有害作用，因此辐射保藏原料是一种对人体绝对安全的方法。这种方法是将原料放在密封的设备里，经一定剂量的射线辐射，杀死原料中的微生物、害虫及虫卵，延缓原料组织新陈代谢，起到消毒、杀虫、防毒、防腐、抑制发芽或推迟成熟的作用，从而延长原料的保藏时间，提高保藏的质量。目前我国已对200多种食品进行了辐射保鲜、改善品质等方面的研究，其中有50多种食品辐射成功并上市供应。

另外，有些动物性原料，购进时是活的，可根据烹调的需要，或当场宰杀进行加工处理，或在短时间内活养，随用随杀。某些原料品种短期活养质量会更好。例如河蚌、鱼、蟹等，购进时带有污秽物质和泥土气味，养一段时间后可使其变得清洁，泥土气消失，味道更鲜美。又如从外地采购的家畜、家禽，旅途劳顿，体肉减瘦，活养一段时间，可以使其恢复元气，质量提高。活养的要求是养活、养好，便于烹调。活养应根据不同的品种采用不同的方法，如鲜活鱼、虾应放在清水里（最好是河水），并且要经常换水；螃蟹则应用湿蒲包将其排实扎紧，使其减少活动，否则易消瘦或死亡。

综上所述，原料保管的方法很多，但必须根据不同原料的性质和引起原料腐败变质的原因，选择适宜的保管方法，有效地杀死或抑制微生物的生长及酶的活性，保持原料的营养素和良好的感官性状，才能达到原料保藏的目的。

思考题

1. 烹饪原料质量的基本要求是什么？为什么要保证和提高烹饪原料的质量？

2. 烹饪原料中有哪些营养成分？每一种成分有何基本性质？

3. 为什么要对烹饪原料进行分类？有几种分类方法？

4. 为什么要进行烹饪原料的选择？在选择中有什么原则和要求？

5. 鉴定原料品质的意义何在？鉴定的标准和依据是什么？

6. 烹饪原料的感官鉴定方法有几种？分别举例说明。

7. 为什么要搞好烹饪原料的保管工作？烹饪原料在保管中会引起哪些质量变化？主要因素是什么？

8. 试说明烹饪原料保管的 7 种方法及其原理。

第三章 粮 食

第一节 概 述

粮食是各种主食原料的总称，包括谷物粮食和豆薯粮食两大类，是我国烹饪原料的重要组成部分。

一、粮食在我国国民经济中的地位

我国是盛产粮食的国家，粮食主要品种有20余种，其中以稻米、小麦、玉米、甘薯为主，合计约占粮食总产量的80%，其次是谷子、高粱和大豆等。

粮食是我国人民的膳食中最重要的构成部分。它为人们的正常生命活动和社会活动提供了所需要的各种基本营养物质，是人体热能的主要来源。同时，粮食作为生产资料，是轻工业重要的原料，也是畜禽养殖的重要饲料。

随着我国农业现代化的发展，全国粮食生产年产量已达5亿吨，对我国国民经济的发展起着极其重要的作用。目前我国正在对农业生产结构进行调整，但是搞好粮食生产仍是我国经济发展中的一项长期战略任务。

二、粮食作物种子的组织结构和营养成分

（一）组织结构

粮食大多来自粮食作物的种子。种子是种子植物所特有的繁殖器官，绝大多数种子的基本构造都大致相同，一般由谷皮、糊粉层、胚乳和胚四部分组成。

1. 谷皮。包括果皮和种皮两部分，也称为表皮或糠皮，位于谷粒的外部，由坚实的木质化细胞组成，对胚及胚乳有保护作用。谷皮不易为人体消化，须经加工除去。

2. 糊粉层。糊粉层由大型多角型细胞组成，含有各种营养成分，但因糊粉层占种子体的比例很小，各种营养成分的含量很低，加工时多随种皮碾去。

3. 胚乳。胚乳位于谷粒的中部，一般占粒重的80%左右，是种子储藏营养物质的主要场所，由许多小型薄壁细胞组成。储存的主要物质是蛋白质、淀粉，烹饪原料主要用的就是这一部分。

4. 胚。胚是种子的重要部分，实际上是幼小的植物体，位于谷粒的下部，含有种子生长的一些基本物质。由于胚在适宜条件下会萌发生芽，且易感染微生物，不利于保管，故一般在加工中将胚除去。

（二）营养成分

粮食的品种很多，外观形态各异，性质也有差别，但所含营养成分基本相同，主要有糖类、蛋白质、无机盐及维生素、脂肪等。

1. 糖类。粮食中所含的糖类最丰富，是人类膳食中最经济的热能来源。存在的形式主要是淀粉，一般含量可达70%以上，最高的可达80%以上；还有少量的可溶性单糖及多糖形式的半纤

维素和纤维素等。淀粉主要分布在粮食颗粒的内胚乳中。

2. 蛋白质。粮食中的蛋白质含量不很高，只占8%~10%左右，主要存在于粮食（谷粒）的糊粉层和胚乳中，而且蛋白质中所含的必需氨基酸不够完全，赖氨酸、苯丙氨酸和蛋氨酸都偏低，特别是高粱、玉米中含量尤低，小米含的氨基酸却比较丰富，接近动物性原料，荞麦所含的赖氨酸为最多。总的说来，粮食中的蛋白质含量及质量除少数品种外一般低于动物性原料。

3. 无机盐。粮食中所含的无机盐主要有钙、磷、硫、铁、钾、钠等，总含量约为1.5%~3%。绝大多数的磷以有机化合物形式存在，不易被人体吸收。钙的含量不多，每百克约为40毫克左右，以植酸钙镁盐形式存在，几乎大部分不能被机体利用的铁的含量更少，一般每百克为1~5毫克，但玉米、高粱中含量略高。

4. 维生素。粮食中的维生素主要有V_B和V_E，存在于粮食（谷粒）的糊粉层和胚乳部，因此在加工时极易损失，一般的保留量只有原有含量的十分之三到十分之一左右。

5. 脂肪。粮食中的脂肪含量很低，多在2%以下。但玉米中含量较多，约为4%左右，荞麦达7%，小米、高粱含量也比稻米高。其脂肪含有较多的不饱和脂肪酸和少量的植物固醇及卵磷脂，主要存在于糊粉层和内胚乳中。

6. 水分。粮食水分含量的正常范围在11%~14%之间。如果水分含量过多，能增强酶的活动，促进粮食的代谢，以致分解产热，造成微生物及昆虫繁殖的有利条件，使粮食质量下降。

三、粮食在烹饪中的运用

粮食作为烹饪原料，适用范围非常广泛，使用的方法也很多，归纳起来有如下几个方面。

（一）制作主食

用粮食制作主食是中国烹饪的传统。由于全国各地生产的粮食品种不同，各地用以制作主食的粮食品种也不同。如以大米制作主食多见于长江流域及其以南地区，以面粉制作主食多见黄于河流域及其以北地区，东北以高粱为主，西北以小米为主。

大米制作主食主要为米饭和粥。大米制饭可分为三大类：

1. 家常米饭。指用大米蒸煮而成的米饭，用料单一，制作方便。

2. 营养风味米饭。指将肉、鱼、蔬菜等与大米混合蒸煮而成的米饭，用料富于变化，风味各异，如上海的猪油菜饭、广东的荷叶饭、扬州的蛋炒饭等。

3. 食疗保健米饭。是以大米配制的药膳，如姜汁牛肉饭、参枣糯米饭、白术葱米饭等。

大米煮粥的方法也很多，除单一的米粥外，还有加料的粥，如绿豆粥、赤豆粥、鱼生粥、百合粥、莲子粥等。

面粉加工的主食制品很多，主要有面条、馍馍、饼、花卷等。这些制品又各有许多品种，例如面条按加工方法有压面、切面、拉面、削面等；按烹饪制作方法有汤面、拌面、炒面、炸面、蒸面等。此外，麦子亦可直接加工成麦片、麦仁制作麦饭、麦片粥等。

（二）制作菜肴

粮食制作菜肴，可作菜肴的主料，如锅巴菜、八宝饭等。作菜肴的配料，如糯米鸡、珍珠丸子、玉米羹、年糕炒肉丝等。

（三）制作糕点、小吃

以粮食为原料制的糕点、小吃很多，风味各异。米制品有年糕、糰、元宵、粽子、糍粑、米饼等，面制品常见的有烧卖、馄饨、烧饼、油条以及各种酥点等。其他高粱、玉米、荞麦等粮食品种都可磨粉应用。

（四）作为菜肴制作的辅助料和调料

由粮食加工的粉制品和淀粉，是菜肴制作中挂糊、上浆、拍粉、勾芡等必用的原料，对保证菜肴质量起着重要的作用。粮食还是加工生产各种调味品的原料，如酱油、酒、醋、酱类、味精等，都需用粮食加工。

第二节 粮食的种类

一、稻米

稻米是稻谷经碾制脱壳而成的加工制品。稻谷又称稌，属禾本科植物，生长于热带和亚热带地区，是我国主要粮食作物。我国是稻的原产地之一，据浙江余姚河姆渡遗址考古发掘，我国水稻栽培已有七千年左右的历史，是世界主要的产稻国家，产量居世界第一位。主要产区集中在长江流域和珠江流域，其中四川、重庆、湖南、湖北、江苏、浙江、安徽、江西、广东等省市产量较大，华北和东北部分地区也有生产。

稻谷的类型和品种甚多，按生长所需要的自然环境可分为水稻和旱稻；按生育期的长短可分为早稻、中稻和晚稻；按形态特征、生理特性和亲缘关系可分为籼稻、粳稻和糯稻。

经加工而成的稻米，按品种可分籼米、粳米和糯米三类。

1. 籼米。我国稻米以籼米产量为多。四川、湖南、广东等省所产的稻米主要是籼米。籼米粒形细长，横断面为扁圆形，灰白色，半透明（也有不透明和透明的）。特点是硬度中等，粘性小，而胀性较大，主要用来制作干饭、稀粥。磨成粉后也可制作糕点。用籼米粉调成的粉团质硬，可做发酵使用。

2. 粳米。粳米粒形短圆，横断面接近圆形，色泽蜡白，透明和半透明的较多，特点是硬度高，粘性低于糯米，胀性大于糯米，出饭率比籼米低，做成的饭柔软香甜、可口耐饥，烧煮的粥则质稠香粘。主要产区为我国东北、华北和江苏等地区。粳米又分为上白粳和中白粳，上白粳色白粘性较重，中白粳色差。用纯粳米粉调的粉团，一般不作发酵使用。

3. 糯米。糯米又称江米、元米、茶米、瓜米。特点是硬度低、粘性大、胀性小、色泽乳白、不透明。但成熟后有透明感，出饭率较粳米还低。糯米中以米粒宽厚、阔扁、近似圆形者粘性较大，细长者则粘性较差。糯米既可直接制作八宝饭、糯米团子、糍粑、粽子等，又可磨制成粉和其他米粉掺用，制作各种富有特色的粘软的糕点。我国糯米以江苏南部、浙江出产较多，品种各异。江苏常熟产的糯米，色呈红褐，称为鸭血糯，是稀有的品种，产量较少，是制作甜菜的珍品。以纯愞米粉调制的粉团不作发酵，但糯米可用来酿制米酒。

除上述三类稻米外，近年来我国培育生产出杂交稻米，兼有籼米和粳米的性质和优点。我国还不断出现一些优化的稻米品种，原有的一些品种逐步退出种植系列。

各种稻米的品质不同，但在刚收获时，因含水量较大，煮熟的米饭或其他制品粘性大，口味鲜香，较存放时间长的稻米质感为好。

二、面粉

面粉即小麦粉，由小麦经磨制去尽表皮而成。小麦又称麳，属禾本科植物，是世界上分布最广栽培最多的粮食作物。我国是世界上种植小麦最多的国家之一，主要分布于长江流域及其以北地区，华北平原为我国小麦的主要产区，以河南省产量最多。

小麦的品种很多，我国种植的品种主要有普通小麦、密穗小麦、圆锥小麦、硬粒小麦、东方小麦和波兰小麦，其中以普通小麦最为普遍。小麦按播种季节的不同可分为冬小麦和春小麦；按麦粒的性质可分为硬麦和软麦；按麦粒的颜色可分为白麦和红麦。冬小麦在秋季播种来年夏季收获；春小麦在春季播种夏季收获，其产量和质量都不如冬小麦。硬麦的特点是胚乳坚硬，把麦粒切开，可以看到内部呈半透明状。硬麦中含蛋白质较多，筋力大，能磨制高级面粉。软麦也称粉质小麦，胚乳呈粉状，性质松软，含淀粉量较多，筋力小，质量不如硬麦。白麦出粉率高，粉色洁白，质量较好。红麦适于收获期多雨的地区种植，分布面较广。

小麦磨制出面粉是的主要烹饪原料。市场供应的面粉，一般分为特制粉、标准粉和普通粉三个等级，各等级面粉的指标是以加工精度即面粉色泽含麸量高低来确定的。

特制粉又称富强粉，是加工精度较高的面粉，色白，含麸量小，灰分很小，以干物质计算，不超过 0.75%，面筋质（湿重）不低于 26%，水分不超过 14.5%。

标准粉又称八五粉，含麸量多于特制粉，色稍带黄，灰分不超过 1.25%，面筋质（湿重）不低于 24%，水分不超过 14%。

普通粉含麸量多于标准粉，色泽较黄，灰分不超过 1.25%，面筋质（湿重）不低于 22%，水分不超过 12.5%。

由于小麦各部分的成分不同，因而磨制精度不同的面粉营养成分的含量也不相同。面粉中主要成分是糖类，约占 70% ~ 80%。在特制面粉中，淀粉含量多，纤维素含量少。在低级面粉中，淀粉的含量少，纤维素的含量多。面粉中的面筋质主要是由麦胶蛋白和麦麸蛋白所组成，它们不溶于水，但遇水后膨胀而成富有粘性和弹性的面筋质。因此，面粉中含面筋质越多，工艺质量则愈高。这两种蛋白质在小麦粒的胚乳部分含量最多，所以由胚乳心部磨制的高级面粉中的面筋质含量多于低级面粉。面粉中还含有脂肪、维生素 B、维生素 E。由于脂肪和维生素主要分布在小麦粒的胚和糊粉层中，因而低级面粉中的脂肪、维生素 B 和维生素 E 的含量高于精制的面粉。综上所知，标准粉和普通粉除筋力和色泽不如特制粉外，其营养成分则较特制粉全。但从口感要求上，人们偏向特制粉，因此在面粉加工中，如何兼顾口感和营养是重要的研究课题。

三、其他粮食品种

（一）玉米

玉米，又名玉蜀黍、苞谷、苞米、珍珠米、棒子等，是高产农作物。它不仅是某些地区的主要粮食，而且是发展畜牧业的好饲料。同时，也是制酒、制糖及其他轻工业的重要原料。玉米原产于中南美洲的墨西哥和秘鲁，现已广布世界各地。我国约于明代引入，现在栽培已遍及全国，主要产区集中在河北，其次为四川、河南、山东、黑龙江等省。

玉米按其籽粒的特征和胚乳的性质，可分为硬粒型、马齿型、爆裂型、蜡质型、甜质型、甜粉型、粉质型、有稃型等 8 种。按籽粒颜色分为黄色玉米、白色玉米、紫色玉米 3 种。在我国种植最多的是硬粒型玉米，东北种植普遍；其次是适用于磨粉的马齿型玉米，华北地区种植最普遍。

玉米的胚乳含有大量的淀粉和部分蛋白质。玉米胚十分发达。约占全体积的三分之一，占总重量的 10%～12%。玉米胚中除含有大量的无机盐和蛋白质外，还富含脂肪，约占胚重的

30%，经提炼可作食用油。玉米面易于酸败变质，与富含脂肪有密切关系。玉米中还含有胡萝卜素和维生素 B，特别是乳熟时期的黄色鲜玉米中维生素含量更多。

玉米磨成粉可制作窝头、丝糕以及冷点中的白粉冻，与面粉掺和后则可做各式发酵糕点，又可制作各式蛋糕、饼干等。

（二）小米

小米由谷子（即粟）碾制去皮而成。是我国最古老的粮种之一，在六七千年前的新石器时代，即成为我国人民的主要粮食。其籽实为卵圆形，极小，特性是劲小、滑硬、色黄。按籽粒粘性可分糯粟、硬粟；按谷壳的颜色可分为白色、黄色、赤褐色、黑色等品种，以白色和黄色最普遍。小米主要产区集中在山东、河北及西北、东北各省区。

由于小米在碾制过程中只碾去外壳，可以保留较多的维生素，因此，小米中硫胺素和核黄素的含量很丰富，比大米和面粉多好几倍。此外，小米中还有少量的胡萝卜素。

小米可单独制成小米干饭、小米稀粥。磨粉后可制作窝头、丝糕及各式糕饼或带有特殊香味的熟品，也可以与面粉掺和后能制作各式发酵食品。

（三）高粱

高粱，又称蜀黍、蜀秫、芦穄，是一种高产农作物，主要产地在东北地区。种子为卵圆形，按粒色可分为白、黄、黑、红等品种，白高粱的质量为最好。按性质可分粳、糯两种。高粱去皮后称秫米或高粱米。

高粱中脂肪及铁的含量高于大米。高粱皮膜中含有色素和鞣酸，如加工过粗则饭色发红、味涩，妨碍人体对蛋白质的消化、吸收。

高粱用途很广，粳性高粱可制作干饭、稀粥等。糯性高粱磨成粉后，可制作糕、糰、饼等食品。高粱也是酿酒、制醋、制淀粉和制饴糖的原料。

（四）大麦

大麦植株似小麦，籽实扁平、中间宽、两端较尖，与稃紧密粘合不能分离的称皮麦、有稃大麦，能分离的称元麦、青稞。我国北方种植皮麦为多，云南西北部、四川西北部、西藏青海种植稞大麦为多。

大麦富含糖类，约占68%~70%，含粗纤维较多，磨成粉味道不如小麦粉，但可作各式小吃如藏族的传统风味小吃糌粑。其最大用途是制造啤酒和麦芽糖，也可制成麦片作麦片粥、麦片糕（做麦片糕时需掺入一部分糯米粉）。

（五）荞麦

荞麦，又名乌麦、花麦、三角麦、甜荞麦，籽实呈三棱卵圆形，生长期短，春秋均可播种，适应性强。荞麦原产于黑龙江至贝加尔湖一带，现在我国南北各地都有种植，以东北地区为多。

荞麦所含蛋白质、硫胺素、核黄素、铁相当丰富，磨成粉后可作主食，也可与面粉掺和，制作扒糕、饸饹、面条等食品，还可入药。有降气宽肠、帮助消化的功能。

（六）燕麦

燕麦，别称皮燕麦，其颖果腹面有纵沟，布稀疏茸毛，成熟时内外稃紧抱籽粒不易分离。我国西北、东北一带牧区或半牧区种植较多，是当地的粮食品种之一和重要的牲畜饲料。燕麦缺麦胶，食用时可加工成燕麦片和燕麦面制作小吃点心。在国外燕麦被称为营养食品，其含蛋白质15%，比大米、面粉、玉米均高，含脂肪约9%，名列粮食榜首。燕麦还含有大量的可溶性纤维素，对降低和控制血糖、血中胆固醇含量，预防和治疗高血压病均有明显的效果。

（七）莜麦

莜麦，又称稞燕麦，俗称油麦。籽粒与燕麦相似，成熟时籽粒与稃分离。我国西北、华北等地均有栽培。张家口以北地区以及内蒙古均盛产，种植面积为全国的40%以上。有夏莜麦和秋莜麦两种。莜麦籽粒质软皮薄，是高蛋白粮食品种，蛋白质含量15%~23%，含有较多的赖氨酸，脂肪含量是小麦的两倍，食后能忍饥抗寒。内蒙古等地食用莜麦一般须经“三熟”，即收割时须成熟，加工要炒熟，食时要蒸熟。莜麦磨成粉面可加工成许多独具风味的莜面食品，食法多样，可蒸、炒、烩、烙等。如莜面推窝，色泽好，薄似纸，配以香辣可口的辣椒羊肉汤，味美可口。用莜面和土豆还可制成薄似粉皮的烙饼。

（八）甘薯

甘薯即番薯，又称山芋、红薯、红苕、白薯、地瓜等，原产于热带和亚热带，我国各地均有栽培。甘薯含有大量的淀粉，质地软糯而味香甜，与其他粉掺和有助酵作用。食用方法多样，如将鲜甘薯煮熟捣烂与米粉、面粉等掺和后可制作各类糕、糰、包、饺、饼等食品，干制成粉又可代替面粉制作蛋糕、布丁等各种点心，在菜肴制作中可作甜菜和素菜。除此之外甘薯还是酿酒、制粮、制淀粉的原料，用途十分广泛。

除稻米、面粉之外的粮食品种，一般称为杂粮、粗粮。在现代生活中，人们对杂粮在人体营养中的作用逐步被认识，杂粮的运用越来越多，成为主粮的重要补充。

第三节 粮食的品质检验与保管

一、粮食的品质检验

粮食是人们的主食原料，由于生产的粮食品种不同，全国各地人们的主食来源有很大的差别。在饮食行业，用来制作主食和点心的粮食主要为稻米和面粉。现将其品质检验方法介绍如下：

（一）稻米的品质检验

大米的品质是由多方面因素决定的，主要有大米的品种特点、成熟情况、含水量、加工的方法和程度，以及大米存放时间长短等，检验大米的品质以其粒形、腹白、硬度及新鲜度而判定。

1. 米的粒形。米粒形均匀、整齐、重量大，没有碎米和爆腰米的品质为较好，相反则较差。碎米指米粒体积在整粒的三分之二以下的米，爆腰米为粒上有裂纹的米，易碎，口味较差。

2. 米的腹白。米粒上呈乳白色而不透明的部分叫腹白。有腹白的米体积小、硬度低、易碎、蛋白质含量低、品质较差。

3. 米的硬度。米能够抵抗机械压力的程度叫硬度。硬度大，品质就高，硬度小，品质就低，易成碎米。

4. 米的新鲜度。新鲜度和卫生情况是最主要的检验项目。新鲜的米有清香味和光泽，无米糠和夹杂物，无虫害，无霉味、异味，用手摸时滑爽干燥。而陈米则颜色暗淡无光，染有虫害痕迹，甚至发霉，粘连结块，煮熟食用质感粗糙，口味很差。

（二）面粉品质的检验

不同的面粉，其品质区别较大，主要以水分含量、颜色、面筋质和新鲜度等几个方面进行品质的检验。

1. 水分。面粉由于失去小麦表皮的保护，不仅易于感染微生物和遭受虫害的侵袭，而且容易受空气中湿度和温度的影响，吸收水分，促进生物化学的变化而降低品质。因此，面粉的含水量是检验品质的一个重要方面。我国规定面粉含水率应在12%～13%之间。含水量正常的面粉用手捏有滑爽的感觉，如捏而有形且不散，则含水量过多，不易保管，易发霉变质。

2. 颜色。面粉的颜色随着面粉加工的精度不同而不同。颜色越白，精度越高，维生素含量也越低。如果保管时间过长或保管条件比较潮湿，面粉的颜色就会加深，面粉品质降低。

3. 面筋质。面粉中的面筋质由蛋白质构成，它也是决定面粉品质的重要指标。面筋质可使面粉制品体积增大，并保持固定形状。因此，面筋质含量高，品质就好。但也有一定的含量标准，如果过高，其他成分就相应减少，品质就不一定好。

4. 新鲜度。新鲜面粉有正常的气味，颜色较淡。凡带有腐败味、霉味、颜色发深的，则面粉已陈。如因水分过多而产生发霉、结块现象，表明面粉已变质。面粉的新鲜程度是鉴定面粉品质最基本的标准。

二、粮食的保管

粮食是有生命的活体，它不断地进行着新陈代谢，时刻受着外界条件的影响，因此搞好保管工作特别重要。保管粮食的方法，随品种、数量不同而异。粮食部门已建立了一套科学的保管措施。一般说来，在保管中应注意调节温度、控制湿度、避免感染等几个问题。

（一）调节温度

粮食购进后，要加强检查，严防发热发霉。因为，粮食本身在呼吸中会放出热量，但它又是热的不良导体，这样积聚在粮堆中的热，就会引起粮温的升高。根据实验，室外温度没有特殊变化，当粮温连续上升超过仓温5℃时，就会发热；当上升到34℃~35℃时，粮食就会出汗、发芽、粘性增加（小麦还会出现麦芽味，并有霉味）；当上升到50℃时，会出现发酸发臭，颜色由黄转为黑红的剧烈变化，这表明粮食已完全变质而失去食用价值。所以，注意粮温的变化，是保管粮食的关键。如发现米、面粉发热，应该迅速倒垛、串袋或摊晾。已发热的米和面粉应当先用。一旦发现霉变就应该立即处理，以减少损失，然后单独保管，以防霉菌蔓延。

（二）控制湿度

粮食具有吸水性能（即吸湿性），在潮湿环境中易吸收水分、体积膨胀；遇到适当温度就会发芽。同时，粮食中的水分增加，又使呼吸作用加强，加剧发热发霉，并引起虫害。大米和面粉都有较大的吸湿性，受潮后再受到一定的压力，就会发生结块或霉变。因此，在保管中除注意温度的影响外，堆放要架高，并有铺垫物，以防潮。另外，每次进货不能进得多，以免一时用不完而吸湿霉变。

（三）避免感染

粮食中的蛋白质、淀粉具有吸收各种气味的特性。保管中如把粮食和异味物质（如煤油、肥皂、蚊香等）混在一起，即会感染异味，影响粮食的品质。此外，还要注意杂物混入污染。

根据上述情况，保管粮食时要做到：存放地点必须干燥、通风，切忌高温、潮湿；要避免异味、异物的污染，盛装器具要干燥、清洁；堆放要整齐，上下左右要保持一定的空间，与墙壁保持一定的距离；还应注意鼠、虫害等。

思考题

1. 粮食在烹饪中有何重要地位和作用？试举例说明。
2. 不同等级的面粉指标是什么？在品质上各有什么特点？
3. 我国主要有哪些粮食品种？它们各自有什么特性？
4. 大米和面粉的品质应从哪些方面来鉴别？分别说明。
5. 粮食保管中应注意哪几个问题？

第四章　蔬　菜

第一节　概　述

蔬菜是以植物的根、茎、叶、花及果实等可食部分供食用的一类烹饪原料，包括人工栽培的和野生的，也包括可食用的大型真菌类的食用菌。

我国种植蔬菜有着悠久的历史，在西安半坡遗址中发现储藏有十字花科植物的种子，可知在距今六千年前就已经种植蔬菜了。我国地域辽阔，气候和土壤等自然条件很适于蔬菜的生长。数千年来，蔬菜栽培品种越来越多，品种和产量都居世界前列。

一、蔬菜的化学成分及营养价值

（一）蔬菜的化学成分

蔬菜含有多种化学成分，各种成分的含量及组成比例因种类、品种而异。所以不同种类品种的蔬菜，品质有很大的差别。

1. 水。蔬菜中含量最多的是水，大多数蔬菜含有65%~90%的水分。因为蔬菜以鲜食为主，所以正常的含水量是蔬菜的主要质量指标。蔬菜越是鲜嫩多汁，质量就越高。但是，含水量多的蔬菜不易储存，而容易腐烂变质。

2. 无机盐。蔬菜中含有钙、磷、铁、钾、钠、镁等多种无机盐，其中钾的含量最多，钙、磷、铁的含量也很丰富。各类蔬菜无机盐的含量是不相同的。如叶菜类为0.4%~2.3%，根菜类为0.6%~1.5%，葱菜为0.3%~1.3%，瓜类为0.2%~0.7%，茄果类为0.4%~0.5%，鲜豆类为0.6%~1.7%。

3. 维生素。蔬菜中含有少量的B族维生素，如维生素B_1（硫胺素）、B_2（核黄素）、B_5（烟酸）等。蔬菜中维生素C的含量特别丰富，是人体所需维生素C的主要来源。

各种蔬菜的维生素含量不同。大多数叶菜类，如番茄和辣椒含有较多的维生素C。维生素C的性质极不稳定，易受氧化，易被高温所破坏。所以蔬菜保管时间过长或烹调时间过长，都可造成其中的维生素C的大量损失。呈绿、黄、橙等色泽的蔬菜富含胡萝卜素，胡萝卜素在人体内可转化为维生素A，故又称维生素A原。胡萝卜素易溶于脂肪，故其吸收率与膳食里的脂肪含量有关。

4. 糖类。蔬菜中的糖类可分为带甜味的糖和不带甜味的淀粉及纤维素。蔬菜含糖量一般较低，胡萝卜、南瓜、甜瓜、洋葱等含糖较多，其他如青菜、黄瓜、黄豆、白菜、萝卜仅含有微量的糖。

淀粉在土豆、芋头、山药、茨菇和豆等根茎类蔬菜中含量较多，其他蔬菜中含量较少。

纤维素是构成蔬菜细胞壁的主要成分。它们在蔬菜中普遍存在，含量在0.2%~2.8%在蔬菜梗中含量更多。纤维素含量少的蔬菜细嫩多汁，品质好，含量多则肉粗，皮厚多筋。

纤维素具有较高的稳定性，能保护蔬菜不易受到微生物的侵害及其他外力的损害，因而表皮厚的蔬菜较易储藏。

5. 有机酸。蔬菜中除番茄含有较多的有机酸外，其他蔬菜有机酸的含量较少。在菠菜、茭白、竹笋中含有较多的草酸和鞣酸。草酸和鞣酸能影响人体对钙的吸收。因此，这几种蔬菜在制作成菜肴的过程中，须进行焯水处理，以除去草酸及鞣酸。

6. 挥发油。许多蔬菜有特殊的香气，这是蔬菜中挥发性物质产生的作用。在蔬菜中，挥发性物质的含量一般不多，大约含有0.005%~0.009%，洋葱中约含有0.037%~0.055%，它们是形成蔬菜特殊滋味的物质。

挥发性物质的香气能刺激食欲，帮助消化，具有杀菌、解腥的作用，所以富含挥发性物质的葱、姜、蒜被广泛用于菜肴的调味。

7. 色素。蔬菜的各种颜色是由色素构成的。色素的种类很多，蔬菜中主要有下列几种：

（1）叶绿素是形成绿色的物质，在阳光照射下产生，菠菜、油菜等含叶绿素较多。叶绿素是不稳定的物质，不溶于水而溶于酒精，很易氧化和被酸、热破坏，变成暗绿色或黄绿色。

（2）胡萝卜、番茄、红辣椒等蔬菜中，具有黄、红、橙等色素，其他绿色的蔬菜里也含黄、红、橙等色素，但被叶绿素所遮盖，显现不出来。一般来说，形成蔬菜黄、红、橙等颜色的原因是其富含胡萝卜素、番茄素和叶黄素。

（二）蔬菜的营养价值

在人类的日常膳食构成中，蔬菜是其重要组成部分。大多数蔬菜的糖类、蛋白质、脂肪含量均不高，故不能作为热能和蛋白质的来源，但其维生素、无机盐及膳食纤维的含量很高，品种也极丰富，对人体的生理调节、酸碱平衡和新陈代谢等起着十分重要的作用。同时也在人类预防和治疗疾病中发挥着重要的作用。近年的研究认为，几乎所有的蔬菜都可抗癌，因为维生素A、C、纤维素、酶干扰素、蘑菇多糖等均有抗癌功效，这些物质主要来源于蔬菜。许多蔬菜还具有降低血脂、高胆固醇和高血压的作用，对心血管系统疾病有防治意义。

二、蔬菜在烹饪中的作用

蔬菜是烹饪原料的重要组成部分，在烹饪中有着广泛的应用。其作用主要反映在以下几方面。

1. 可以作主料，单独成菜，具有清鲜爽口、调节口味的作用。

2. 可以作配料，用于荤菜制作的填充、围边、垫底、拼衬，具有调色、配形、装饰、点缀的作用。

3. 有些品种（如葱、姜、蒜、芫荽等）可兼作调味料，具有去腥臊、膻味，增香味的作用。

4. 可用于制作腌菜、酱菜、泡菜、干菜等食品，具有形成特殊风味食品的作用。

此外，蔬菜由于品种多，形态各异，适宜于任何刀工处理和烹调方法，可用于冷菜、热炒、汤羹及甜菜等菜型的制作，在烹饪中发挥着重要而特殊的作用。

三、蔬菜的分类

我国栽培的蔬菜品种有数百种，其中在烹饪中运用比较普遍的有近百种。按照蔬菜的组织构造和可食部分可分叶菜类、茎菜类、根菜类、果菜类、花菜类和食用菌类。

（一）叶菜类

以肥嫩菜叶及叶柄作为食用对象的蔬菜属于叶菜类。叶菜类富含维生素和无机盐，大多数生长期短，适应性强，一年四季都有供应。常见的叶菜有小白菜、油菜、菠菜、苋菜、荠菜、雪里蕻、瓢儿菜、大白菜、甘蓝、大葱、韭菜、青菜、芹菜、芫荽

(香菜)、茴菜、豌豆苗等。

（二）茎菜类

茎菜类是以肥大的变态茎作为食用对象的蔬菜。其中大部分富含糖类和蛋白质。这种菜含水分较少，适于储藏。但其中不少具有繁殖能力，如保管不当，常会发芽，须加以防止。

常见的茎菜类又分为两大类：一是可食部位为地上茎，如莴笋、苤蓝、紫菜薹等；二是可食部分为地下茎，如土豆、芋头等。各种变态茎按其形态又可分为根茎、球茎、鳞茎、嫩茎等。根茎有藕、姜等，球茎有茨姑、荸荠等，鳞茎有大蒜、洋葱、百合等；嫩茎有竹笋、茭白等。

（三）根菜类

根菜类是以变态的肥大根部作为食用对象的蔬菜，富含糖类，比较适于储藏。在秋冬季节，根菜类的蔬菜大量上市，既可供鲜食，又可腌制成咸菜和酱菜。最常见的有萝卜、胡萝卜、蔓青、山药等。

（四）果菜类

果菜类是以果实和种子作为食用的蔬菜。按照果菜的特点，又可分为茄果、瓜类、荚果三大类。

1. 茄果。茄果包括番茄、茄子、辣椒等。

2. 瓜类。瓜类包括黄瓜、北瓜、南瓜、冬瓜、丝瓜、菜瓜、葫芦等。

3. 荚果。荚果包括毛豆（大豆类）、四季豆、扁豆、豇豆、嫩蚕豆、嫩豌豆等。它们大部分含有丰富的蛋白质和淀粉。

（五）花菜类

花菜类是以植物的花蕾器官作为食用对象的蔬菜。种类不多，常见的有黄花菜（金针菜）、花椰菜、韭菜花、南瓜花等。花菜类蔬菜特别鲜嫩，其中黄花菜大多数制成干制品。

（六）食用菌类

食用菌类是以大型的无毒真菌类的子实体作为食用的蔬菜，如蘑菇、黑木耳、白木耳（银耳）等，多为干制品。

第二节　常见的蔬菜

一、大白菜

大白菜，又名黄芽菜、牙菜、菘菜、结球白菜。是我国原产和特产蔬菜，是北方人民的主要蔬菜品种，以山东、河北的产品最为著名。长江流域也有栽培。大白菜性喜冷凉气候，耐寒和耐热力均弱，以秋季栽培为主。

大白菜为高产蔬菜，因此，能以低廉的价格大量供应市场。此外，大白菜营养比较丰富，柔嫩适口，人们爱吃。大白菜便于储存，秋末冬初成熟后，储存起来，即为冬、春季缺菜期的主要蔬菜。在北方，大白菜分早、中、晚三熟，在天津一带，按耐热和抗寒等特征，又可分为白麻叶和青麻叶。早熟种，从八月份陆续上市，以白麻叶为主；中晚熟品种，以青麻叶为主，耐储存。

大白菜既可用来炒、拌、扒、红烧、醋熘、腌、酱、涮等，又可做泡菜、做荤菜的配料，还可以晒制成干菜。

二、小白菜

小白菜原产我国，栽培比较普遍。其特点是生长期短，适应性强，质脆嫩，是一种大众化的蔬菜。由于小白菜成熟期短，故在春秋两季蔬菜缺乏时多种此菜，以解决市场供应不足的问题。

小白菜可用来炒、醋熘、凉拌、制汤及做馅。

三、甘蓝

甘蓝，又名圆白菜、包心菜，原产于欧洲，后传入我国。外形有团圆、扁圆、鸡心等形状，叶厚肥脆嫩，表面平滑，叶球外面呈绿色，内部为黄白色。按成熟季节，可分为早生、中生、晚熟三期。有营养价值高，适应能力强，抗寒耐碱，栽培简单，成本低，产量高等特点，其味甘美，为大众所喜爱，因此，全国各地普遍栽培。

甘蓝营养丰富，所含维生素 C 和磷较多，含钙量比白菜多一倍，但粗纤维较多，质脆嫩。甘蓝用来炒、醋熘、酸渍、腌、酱均可。在一般的面点中，也可用它来做焰心和荤菜的配料。

四、菠菜

菠菜原名菠薐菜，又名赤根菜。原产于阿拉伯半岛，后由尼泊尔传入我国。我国唐朝时已有栽培，现已遍及南北各地。菠菜为冬春蔬菜，叶嫩鲜美，红根味甘可食。常见的红根菠菜有尖叶菠菜、圆叶菠菜和大叶菠菜等。

菠菜中含有钙、维生素 A、B、C，有促进胰腺分泌和消化通便的功能，适于胃弱、消化不良的病人食用。菠菜中含有草酸，与钙结合即成为人体不能吸收的草酸钙。因此食用菠菜要先焯水。

菠菜一般是单独烹制成菜，可煸炒、汆烫、凉拌、制馅，也可与其他荤料、素料配制成菜。

五、芹菜

芹菜又名旱芹，香气较浓，故又名香芹，亦称药芹。我国栽培的历史较长，春秋战国时期的古籍中即有记载。

芹菜性喜冷凉，不耐炎热，春夏播种，生长区域遍及南北各地。芹菜以叶柄食用为主，质脆嫩，营养丰富，含有挥发油及较多的钙、铁、氯等。粗纤维组织也较多，适于孕妇、乳母和缺乏铁质、贫血、便秘的人食用，患有高血压的病人多食用芹菜亦有疗效。

芹菜可拌、炒，可制馅，也可做某些荤菜的配菜。

与芹菜相似的有水芹，属多年水生宿根草本，适于泥层深厚的水田栽培，秋季栽植，冬季或早春季成熟，以嫩茎或叶柄作蔬菜。

六、苋菜

苋菜原产热带地区，性耐热，我国南方各地普遍栽培。一般在春、夏、秋种植。苋菜叶成卵形或菱形，颜色有紫红、绿多种。苋菜营养价值较高，含钙、铁等成分较多，适于贫血病人食用。苋菜的幼苗及嫩茎叶均可食用，一般适宜于炒、拌、烧等，也可制馅，用于面食点心。

七、油菜

我国栽培油菜的历史较久，南方栽培较多，食用也较广泛。秋、春季种植，有芥菜型、白菜型、甘蓝型等三种。其植株矮、叶肥厚，呈浅绿色或深绿色，品种有白帮油菜、青帮油菜等。以青帮油菜品质最佳。

油菜质地柔嫩，营养丰富，所含钙质及维生素A原等比菠菜多。油菜所含的粗纤维素也较多。油菜叶、茎，可炒、可烧，亦可作配料。

油菜抽薹开花结籽后，老熟的油菜籽能榨油，是重要的食用油料来源。

八、蕹菜

蕹菜，又名空菜、空心菜，原产我国。适应性强，旱地、水田均能种植，以华中、华东、华南最多，是夏秋高温季节的主要蔬菜之一。

蕹菜为蔓生植物，叶互生，茎呈枝节状，中空，质脆嫩多汁，一般摘其嫩梢叶及嫩茎，可以拌、炒食用。

九、太古菜

太古菜，别名塌菇菜、乌塔菜。在我国南方栽培历史已很久远，北方也早有引种。太古菜有宽帮太古菜、凸帮太古菜之分。此菜伏地面生长，梗叶呈墨绿色，叶面不光滑。太古菜富含钙、铁、维生素，可炒、可烧，也可制馅。

十、瓢菜

瓢菜，又名油塌菜、青菜、青梗菜、白梗菜。我国栽培历史久远，种植区域宽广。瓢菜生产时间较短，栽培较简易，但对水、肥的要求较高。长江中下游为主要产区，一年中可播种、收获数次。在江南，幼小的瓢菜又叫鸡毛菜，汆汤极美，鲜嫩柔滑。瓢菜移栽后，长得较肥壮，即青梗菜、白梗菜。

瓢菜所含的各种维生素和无机盐，低于油菜的含量。瓢菜可炒、可烧，也汆汤、制馅。在霜降以后，瓢菜的食用感觉更佳，柔嫩甘美。瓢菜可干制、腌制。

十一、茴香菜

茴香菜原产欧洲南部，我国南北各地均有栽培，盛产于华北地区。嫩茎叶作蔬菜，梗叶瘦小，叶浓绿色，深裂为丝状。茴香菜具有强烈的芳香味，含有大量的维生素A原和矿物质。幼儿在生长期食用，具有代替鱼肝油和钙片的功能，果实可作香料。

茴香菜在北方主要用来和肉一起做饺子、包子、馅饼的馅料或调料，也可将茴香菜切成寸段做炒肉丝的配料。

十二、香菜

香菜，又名芫荽、胡荽。原产地中海沿岸，在我国各地均有栽培。冬春种植，形状酷似芹菜，但叶小茎细，叶色绿，柄细长疏散，具有浓厚的芳香味。鲜梗叶是极佳的佐食调味品。香菜含有较多的钙、铁和维生素A原。具有特殊香气，多供生食或调味用，用于凉拌，也可炒吃或腌制成菜，还可做某些菜肴（如烤羊肉、爆羊肚、什锦火锅）的佐料。

十三、苤蓝

苤蓝即球茎甘蓝，我国北方栽培较多，叶片长卵圆形，蓝绿色，叶柄细长，其茎肥大，呈球形，外皮显绿白、绿或紫色，可供鲜食，或腌制、炒、拌、炝、腌、酱均可，也可作荤菜的配料。

十四、莴苣

莴苣，又名莴笋、生菜。原产地中海沿岸，我国栽培已久，除华南栽培较少外，遍及大江南北。春秋两季均可栽培，按主要性状不同可分叶用莴苣和茎用莴苣。茎用莴苣食用部分是肥大的地上茎，肉质脆嫩如笋，水分充足，清甜。品种有青莴苣、白莴苣及紫莴苣等。叶用莴苣又名生菜，我国少量栽培，叶作蔬菜，生食或熟食均可。莴苣除含有蛋白质、脂肪和糖外，还含有乳酸、莴苣素、苹果酸、琥珀酸、天冬硷及多种维生素。其含铁量较高，含糖量低，纤维质地也较粗糙，便于充饥，又适于糖尿病人食用。莴苣的茎段刨去皮后，生熟均可食用，一般多作凉拌菜，也可炒、氽汤、烩烧、卤。家庭将其腌渍，晒干。

十五、蒲菜

蒲菜，又名香蒲、甘蒲。蒲菜即蒲草的嫩芽。蒲草多生于江淮的水泽中，匍匐地下茎先端的嫩尖叫蒲尖。蒲菜（包括蒲尖）味淡薄而清鲜，含钙较多，含有草酸。蒲菜可作冷菜及荤、素菜的配料，也可做汤菜。

十六、茭白

茭白，又名菇笋、菰笋、茭笋。主要产于南方，属禾本科多年生水生草本。其花经一种黑粉菌侵入后，刺激其细胞增生形成肥厚的嫩茎即为茭白。茭白外形呈纺锤形，其肉质色泽洁白，口感爽脆而又柔滑，水分充足，微带甜味，春秋两季均有上市。

茭白所含的营养素，如钙、铁、维生素等都不如叶菜类高。茭白含有草酸，致使所含钙质不易被人体吸收。茭白变老后，纤维变粗，食用价值降低。

茭白可凉拌、腌制，也可烧、炒、酱制。一般多用于荤菜的配料。

十七、花椰菜

花椰菜，又名花菜、菜花，系甘蓝的变种。叶片长卵圆形，叶柄稍长，由茎顶端形成白色肥大花球，为原始的花轴和花蕾。花蕾特别发达，呈白色或黄色，为可食部分。我国沿海地区栽培较普遍，主要在春秋两季种植。

花椰菜营养丰富，含有较多的维生素 A、维生素 B、维生素

C 和胡萝卜素，钙、磷、铁等无机盐含量也较丰富。尤以抗坏血酸的含量特别丰富，每百克约含 88 毫克，比同类的白菜、黄花菜、油菜多一倍以上。

花椰菜肉质细嫩，味甘鲜美，食后容易消化，被视为菜中珍品，可作配料，烧、炒、泡渍均可。

十八、金针菜

金针菜，又名黄花菜，中药称萱草。古时叫忘忧，是一种多年生宿根植物的花蕾。原产欧亚各国，大都作为观赏花卉。我国自古以来，一直以其花作菜食用，南北各地均有栽种，夏秋间花蕊尚未开放时采集。

鲜黄花菜含有钙、磷、铁和维生素 B_2，还含有较多的纤维素。鲜黄花菜炒食时，加热要彻底，否则，黄花菜中所含的秋水仙碱，在体内易被氧化产生含有毒素的二秋水仙碱，食后易引起食物中毒。

金针菜主要用来制作干制品，是素馔的主要原料之一。一般常作素菜配料，也可制汤。

十九、豌豆苗

豌豆苗即豌豆植株的幼苗。各地均有栽培，一般在冬季及早春正月间采摘其茎叶食用。豌豆苗富含蛋白质、钙、铁，而铁的含量特高。豌豆苗有特殊鲜香味，开水烫后凉拌食之，风味甚佳，豌豆苗常用来氽汤，也可与鸡片、里脊丝、鱼片等配炒。

二十、萝卜

萝卜原产我国，是我国最早栽培的蔬菜之一，又叫莱菔、芦菔、土酥。距今二千多年前的《诗经》《尔雅》等古书已有记载。现全国各地均有种植。萝卜品种很多，按季节分有春萝卜、冬萝卜、水萝卜、四季萝卜等，按颜色分有青萝卜、白萝卜、红萝卜、心里美萝卜等。新鲜萝卜含有丰富的维生素C、糖分和无机盐，还含有淀粉酶和芥籽油。淀粉酶有助于消化，芥籽油有辣味，能促进胃肠蠕动，增加食欲。萝卜耐储藏，是冬春常蔬。吃法多样，萝卜脆嫩多汁，可当水果生吃，也可以红烧、烩、炒、汆汤、制馅食用，还可以酱制、腌制、干制。

二十一、胡萝卜

胡萝卜，又名丁香萝卜，原产欧洲，我国引种较久，南北各地均有种植，是冬季主要佳蔬。常见的品种有紫色胡萝卜、红色胡萝卜、黄色胡萝卜。胡萝卜含有大量的糖分和胡萝卜素，还含有人体必需的维生素 B_1、B_2、B_3 和维生素C等。胡萝卜可生食，物美价廉，质地细密、脆嫩、有甜味，可腌制、凉拌，适用于烧、炖、炒、煮、蒸等多种方法；也可腌制、干制。

二十二、葱

葱是重要的蔬菜之一，属多年生草本植物，耐寒冷，四季均可种植，终年供应不断，茎、叶都可食。种类很多，主要有大葱、小葱。因含有挥发油和大蒜辣素，可以解腥气和刺激食欲，并有开胃消食的功能，是良好的辛香料调味品。它含有多量的维生素C。生食还有驱寒、发汗、杀菌、通乳、利尿、治便秘等作用，一般还可炒、烧食。

二十三、葱头

葱头，又名胡葱、洋葱。原产于伊朗、阿富汗，我国栽培历史较长，生长区域几乎遍及全国，四季均能生长，叶鞘肥厚呈鳞片状，密集于短缩茎的周围，形成鳞茎（葱头）。葱头的品种较多，一般有普通葱头、分蘖葱头、顶生葱头三个类型。从皮色看，有红皮、黄皮和白皮之别。红皮葱头产量较高，栽培较普遍。葱头以鳞片肥厚、抱合紧密、皮糖心、不抽芽、不变色、不冻者为佳。葱头主要供熟食，亦可生食，一般多作荤菜配料。西餐菜肴中应用较多。

二十四、韭菜

韭菜为百合科多年生宿根植物，我国周代已有栽培，现各地普遍栽培。韭菜适应性强，耐寒性也较强。按供食用部分不同分叶韭、花韭、叶花兼用韭等类型，一般以叶韭为多。我国有许多韭菜品种，如北京铁丝韭、天津卷毛韭、郑州马兰韭、上海阔叶韭等。韭菜叶鞘和叶片为食用部分，不培土的叶鞘是青色，培土的叶鞘是乳白色，在冬季经温室培养为韭黄。韭菜除含有一定的蛋白质、维生素 A、维生素 C、钙、磷、铁、糖外，胡萝卜素含量非常丰富，仅次于胡萝卜。同时，它含有挥发性的油分。韭菜以急火快速炒食为佳，也可做馅、生吃及氽汤。夏季韭菜抽出的嫩茎韭菜薹可炒食，韭菜花可作调味用，也可腌制。韭黄是冬季佳蔬。

二十五、大蒜

大蒜，又名胡蒜。原产亚洲西部，自张骞出使西域后传至我国。现各地均有栽培，一般在冬、春上市。大蒜的幼苗俗称蒜苗，清香鲜嫩，味微辣。大蒜的花茎称蒜薹，质地脆嫩、气味辛香，是晚春夏初佳蔬。大蒜生长后期的鳞茎，肥大厚实，称蒜头，为人们喜食。大蒜营养丰富，经烹炒，香味浓郁，增人食欲。大蒜尤其是蒜头，富含维生素、无机盐和挥发油。一般常用作荤菜的配料，也可独炒、烫后拌食。蒜头可腌制、酱制。大蒜、蒜头有杀菌和药用作用。

二十六、辣椒

辣椒，俗称番椒、辣子。原产南美洲热带，在我国栽培历史长，栽培地域广，以四川、湖南、湖北出产最多。根据辣味的有无，可分为甜椒和辣椒两类。未成熟时呈绿色，成熟时一般为红色或橙黄色。辣椒品种较多，其辣味程度悬殊很大，灯笼辣椒味轻，朝天尖椒辣味重。辣椒所含有的辣椒素具有发汗、刺激兴奋、帮助消化、促进食欲功能。辣椒富含维生素 A 原和维生素 C，可作菜肴之配料和调料，也可单独炒食。制作辣椒酱、辣椒油、辣椒糊、辣椒面、辣椒干、辣豆豉等调味品。

二十七、番茄

番茄，也叫西红柿、洋柿子、洋茄子。原产南美洲，后传入欧洲和亚洲，20 世纪传入我国，全国各地均有栽培。以春季栽培为主，也可冬季温室栽培，其浆果作蔬菜，形状有圆形、扁圆形。成熟时皮肉一般呈红色、淡红色或黄色。番茄除含有一定的蛋白质、脂肪、糖、钙、磷、铁、烟酸外，还含有丰富的胡萝卜素，维生素 B 和维生素 C 等。番茄可生食。亦可熟食，一般常作汤菜，也可作菜肴配料，还可加工成番茄酱、番茄汁。

番茄的品质以形状周正、无虫咬、不油皮、不死青、色泽鲜艳者为佳。

二十八、茄子

茄子，又名落苏。原产印度，在我国栽培已久，嫩果供食用，为夏秋季主要蔬菜。形状有圆、卵圆、长条等。皮色有紫色、黑紫、白色等。紫色茄子含有丰富的维生素 P，能增强人体细胞间的粘着力，提高微细血管对疾病的抵抗力，并可防止小血管出血，对微细血管有保护作用。

茄子可用炒、烧、焖、炸、熘、蒸等方法制菜，也可拌茄泥，做茄肉或腌、酱、干制等。

二十九、四季豆

四季豆，又名菜豆、刀豆、芸豆。在我国栽培已久，栽培区域较广，以春秋两季栽培为主。荚果断面扁平或近圆形，一般呈绿色或黄色，嫩荚作蔬菜。含有丰富的维生素 A 原和钙，维生素 B 的含量与豇豆差不多。四季豆主要供熟食，可以炒食，可作菜肴配料，还可腌渍或干制。四季豆所含的钠不多，若用糖醋烹食不但甜酸清脆，而且是忌盐患者的良好食品。食用不宜过生，否则易引起食物中毒。

三十、豇豆

豇豆，又名长豆角、豆角、腰豆。我国自古就有栽培，全国各地均有生产。以嫩荚作蔬菜，荚长条形，呈绿、青灰或紫色，是夏、秋季主要蔬菜之一。豇豆富含蛋白质、糖类、钙、维生素。豇豆的嫩荚多用于炒食或煮熟冷拌。可单独制菜，也可与荤料配制，也可腌制或干制。豇豆老熟后的籽料可制馅。

三十一、扁豆

扁豆，又名鹊豆、峨眉豆。原产于印度和印度尼西亚，我国汉晋时代即已栽培。现我国南北均有栽培，一般秋季上市。在南方，摘其扁豆嫩荚一起烹制面食（也可单独食其豆粒）。扁豆仁的营养成分较局，富含蛋白质、糖、磷、铁、钙等。扁豆品种较多，色泽各异，其中白扁豆含有氰甙、酪氨酸酶、胰蛋白酶、淀粉等，有药理作用。扁豆可单独烧、炒成菜，也可作配料。扁豆仁也可作甜羹，煮熟后捣成泥可作馅心，与熟米粉掺和后，可制作各种糕点和小吃。

三十二、黄瓜

黄瓜，又称胡瓜，原产印度，在我国栽培已有二千多年的历史，栽培地域广阔。黄瓜一般在早春播种，初夏采食，也有秋熟品种。现代利用温室进行栽培，故能常年供应。黄瓜品种较多，一般分为刺黄瓜、鞭黄瓜、秋黄瓜三大类。黄瓜含有丰富的维生素和钾盐，还含有多种糖类。黄瓜的含水量为98%，脆嫩清香，味道鲜美。黄瓜在西餐中常用作凉拌，在中餐中，则主要作菜肴的配料，也可凉拌、腌酱、酸渍、泡等。

三十三、冬瓜

冬瓜，原产我国南部和印度，我国南北各地均有栽培。夏秋为上市旺季，以华东、广东、台湾等地为多。冬瓜品种较多，皮色有青有白。冬瓜肉质细嫩、味道鲜美、清淡爽口，有利尿止渴的功能，其皮、肉、籽皆可入药。冬瓜宜于作汤或烧食，也可做蜜饯。冬瓜能长期储存，是解决蔬菜淡季、调剂花色品种的蔬菜之一。

三十四、南瓜

南瓜，俗称番瓜、饭瓜。原产亚洲南部，在我国栽培历史已很悠久，南北各地普遍栽培，为我国夏、秋、冬主要蔬菜。南瓜含有丰富的糖类、蛋白质、脂肪、维生素A、维生素B、维生素C和钙、磷等无机盐，尤以胡萝卜素的含量为高。嫩南瓜是人们常食的瓜菜之一，老熟后甜糯可口，既可佐餐，又可代替粮食。南瓜可炒食，可做馅包饺子，也可与荤料配烧。

三十五、瓠瓜

瓠瓜，又叫扁蒲，俗称葫子。原产于印度和非洲，在我国栽培历史较久，栽培地域较广，山东、安徽及江南一带栽培较多。瓠果呈长圆筒形、绿白色，幼嫩时密生白茸毛，以嫩果食用，夏季上市。瓠瓜味香、肉软嫩，可以炒食或制馅、做汤。

三十六、丝瓜

丝瓜，又名绵瓜、布瓜、天络丝、海外锅罗瓜、天罗絮、絮瓜等。原产印度尼西亚，传入我国时间较久，以南方各地种植较多，夏秋季上市。丝瓜未成熟时采摘食用，色翠绿，质柔嫩，制作菜肴可炒可烧，可做羹，也可作配料或配色用。枯老后，其丝瓜络可作洗擦器皿用，丝瓜含有皂苷、丝瓜苦味质、瓜氨酸等，有清火解热之功用。瓜藤瓜叶、瓜子瓜皮等均有药理作用。丝瓜所含铁质和维生素 A 原都较丰富。

三十七、马铃薯

马铃薯，俗称土豆，又名洋芋、地蛋、山药蛋，原产南美洲，大约在明代传入我国，全国各地均有栽培。以地下块茎作蔬菜，呈圆形、卵形或椭圆形，有芽眼，皮呈红、白、黄或紫色等。马铃薯富含淀粉、蛋白质和多种维生素，能供给人体大量热能，可作主食代替粮食，亦可烹调作副食用。还可作制造淀粉和酒精的工业原料。因此，马铃薯在食用或经济方面都有很高的价值。马铃薯含糖量很高，糖尿病患者不应随意食用。马铃薯可单独制菜，也可做各种荤菜的配料，还可用于糕点制作。发芽的土豆龙葵素含量较高，有毒，不可食用。

三十八、山药

山药即薯蓣，原产我国，自古即有栽培，分布于南北方广大地区。有长根、扁根、块根三种。家山药多供食用，野山药多供药用。山药富含糖类与蛋白质，肉质脆嫩，易折断，多粘液。食用时，刨皮后应焯水。除供烹调佐食外，还可代替粮食食用或制淀粉。山药多作素馔、甜菜。

三十九、芋头

芋头俗称芋艿，原产东南亚。我国自古即有芋头栽培，以南方栽培较多，尤以珠江流域栽培最为普遍。芋头除含蛋白质、脂肪、糖类外，还含有磷、钙、铁、维生素和粘液皂素。球茎可作主食，或用来制淀粉。烹饪中可作炒烧菜配料，也可制作甜食。中秋佳节，江苏一带喜食糖芋艿。

四十、姜

姜亦称生姜。原产印度尼西亚，我国周代即有栽培生姜的文字记载。姜生长区域很广，我国中部南部普遍栽培。姜为多年生草本植物，我国习惯作一年生栽培，须根发达，根茎肥大，呈不规则块状，灰白或黄色。姜可生食、炒食、腌制、酱制、糖渍，亦可做糕点食品的原料，更可做去腥、解腻、提味的调味品。姜具有多种药用功能，常制成健胃剂及发汗剂，还可用以制作姜汁、姜酒、姜油。姜耐储存，便于远途运输。

四十一、荸荠

荸荠，又名地栗、马蹄、乌芋。原产印度，我国分布于江苏、安徽、浙江、广东等低洼地区，冬季采收。其球茎扁圆形，表面平滑，熟后呈栗色或枣红色。生食脆嫩而甘，富含维生素C。荸荠有化痰作用，因具有多量粗纤维，是通便的佳品，但有胃肠病的人不宜多食。荸荠可生食，也可熟食，常作荤菜配料，也可作甜味小吃，还可制淀粉。

四十二、藕

藕，即荷的肥大根茎。原产印度，在我国栽培已久，我国中部、南部浅水塘泊栽培较多。外皮呈黄褐色，肉肥厚，白色，微甜而质脆，根茎中有管状小孔，折断处有藕丝相连，一般在秋季上市。藕的主要供食部分是地下茎，嫩的可生食，老的可炒食或煮食，也可制成蜜饯、淀粉，还可以腌、酱。

四十三、百合

百合原产欧洲，南北朝时，我国已有栽培，现全国各地均有种植，夏季上市。百合种类甚多，有食用价值的是卷丹、山丹、天香百合和百花百合等品种。百合鳞茎呈扁形或近圆形，鳞片质地肥厚，色泽洁白，醇甜清香，略带苦味，甘美爽口，含有丰富的蛋白质、脂肪、淀粉及钙、磷、铁等，是滋补珍品，可蒸、煮、炒、烩、酿、煨、蜜汁等，也可煮粥。

百合入药，可以清热润肺，镇静止咳，宁心安神。夏用，将百合配以薏米、莲籽、芡实，加糖煮汤，是良好的防暑降温饮料。

四十四、莼菜

莼菜，又名水葵、马蹄草，周代叫茆，因“逐水而性滑”，亦名之淳菜，属睡莲科多年生宿根性的湖沼草本植物。叶片椭圆形，深绿色，依细长的茎上升浮于水面，叶背有胶状透明物质。夏季抽花生薹，开紫红色的花，性喜温暖。我国黄河以南沼泽地池塘都有生长，尤其以江苏的太湖、高宝湖和杭州的西湖等地生产为多。食用部分为尚未透露出水面的嫩叶，每年 5 月至 11 月为采收期。

莼菜是一种地方名产，食用一般以制作高级汤菜为多，具有润滑不腻、味道清香的特点。

四十五、茼蒿

茼蒿，又名蓬蒿菜、蒿子秆，属菊料草本植物，有蒿子清气、菊之甘香，又因花形状菊，故别名菊花菜。茼蒿自古已有，我国东北、华北、华东地区均有栽培。有两种品种，一种茎长叶少，另一种叶多茎短，叶片肥嫩，每年秋季下种，冬季及明春食用。

茼蒿所含胡萝卜素很丰富，每百克含 2.54 毫克，为黄瓜、茄子的 15~30 倍，还含有一种挥发性的芳香油和胆碱，具有开胃健脾，降压补脑的功效。食用以炒、氽汤为多，亦可凉拌。

四十六、苦瓜

苦瓜为葫芦科蔓生植物的果实，又名凉瓜、癞瓜、癞葡萄。原产东印度，现我国南方栽培较多，为夏季蔬菜。苦瓜果实外壳具瘤状突起，味甘苦，嫩瓜食用，优良品种有大顶苦瓜、滑身苦瓜、纺锤苦瓜、小白苦瓜等。

苦瓜含有蛋白质、粗纤维、钙、磷、铁、胡萝卜素和维生素等，其中铁、维生素 C 尤为丰富。食用时应将苦瓜切开，用开水稍焯片刻（或用盐水腌），除去苦水，减低苦味。苦瓜与肉或鱼一同烹调不仅不苦，味更鲜美，方法以炒、烧为多。广州人有以苦瓜做成凉茶夏季饮用的习惯，具有清火消暑的作用。

四十七、芦笋

芦笋，又名石刁柏、龙须菜。生在凹地、湿地，是多年生宿根植物。近年来，山东、浙江、河南、天津、福建等地开始大量种植。

芦笋肉质洁白、细嫩，品味鲜脆。可生食凉拌，也可煨烧烹炒；还可制成罐头及脱水干燥成粉。芦笋含有蛋白质、芦丁素和维生素 C、天冬酰胺等，有暖胃、阔胸、利尿、消除疲劳、增进食欲的功能，还对防治冠心病、高血压有良好作用。在欧洲，芦笋被视为“蔬中之王”。

四十八、竹笋

竹笋即竹类的嫩茎。大致可分为冬笋、春笋、鞭笋。冬笋为竹在冬季生于地下的嫩茎，色嫩黄，质脆味清鲜；春笋为竹在春季破土冒出的嫩笋，色黄、质嫩、味美；鞭笋为竹在夏秋间芽横向生长成为新鞭其先端的幼嫩部分，色白、质脆、味微苦而鲜。竹笋的产地较广，主要产于南方各地。可食用的主要有毛竹笋、淡竹笋、慈竹笋、麻竹笋等。

竹笋组织细嫩而无恶味者可作鲜食，能单独制菜，也是高档菜肴良好的配料。竹笋又可干制，如笋干、玉兰笋、绿笋等，还可加工成咸笋或罐头食品。笋有消渴利尿、清肺化痰等功用。

四十九、荠菜

荠菜又名香荠，耐寒力强，长于野地荒坡村头路旁，也有人工栽培。栽培品种有板叶荠菜和散叶荠菜等类型。荠菜含有蛋白质、维生素、胡萝卜素等，维生素 C 含量较高，是冬春佳蔬，可拌、炒、氽，也可作春卷、饺子、包子的馅心，还能同谷类一起制作羹粥。

荠菜味甘、性平，有降血压、明自、消肿等功用。

五十、香椿芽

香椿芽是香椿树的嫩芽，有浓郁的清香味，故名香椿。我国古代就采集作为蔬菜食用。香椿芽脆嫩甘美，含有多种营养成分，富含蛋白质、糖类、钙、磷、维生素C等，各种营养素比较全面、均衡，一般是拌食。

五十一、苦菜

苦菜，又名家苦菜、野苦菜、山苦菜。属菊科草本植物，幼苗形如蒲公英，叶片边缘呈锯齿形、淡绿色，根茎略带红色。苦菜的生长区域遍及全国，生命力特强。苦菜富含维生素，还含有甘露醇、蒲公英、甾醇、蜡醇、胆碱等，具有一定的食疗作用。

在我国，凉拌苦菜的吃法较普遍，做汤、下面、热炒、做馅也常见，也可晾干或腌藏，吃到来年苦菜萌发。

五十二、蕨菜

蕨菜，又名拳头菜、粉蕨，属凤尾蕨科多年生草本植物。全国均有分布，东北、内蒙古、西北较多。生于山林阴湿处，初生时无叶，嫩苗拳曲，根茎粉状，富含淀粉，是一种山区喜食的野生蔬菜。

蕨菜的品种很多，主要有黄瓜香、山蕨菜、猴腿菜、蹄盖蕨等。蕨菜的营养价值极高，嫩叶具有特殊的鲜味，含有大量人体所必需的氨基酸，茎含有24%以上的淀粉和多种无机盐，其中钙、磷的含量较高，还富含维生素C、维生素A及多种酶，长期食用有益寿延年、强身健体的功效，在国外有“山珍之王”的美誉。

蕨菜有一种特殊的清香味，嫩叶一般以盐渍炒食或凉菜用为多。蕨菜根可提制淀粉，做粉条、粉皮食用，还可酿酒、制糖等。

五十三、马兰头

马兰头，又名路边菊或田边菊，南方民间叫鸡儿肠，四川叫泥鳅串。属菊科植物，茎直立略带红色，叶片表面粗糙，两面有短毛，春天采摘其嫩茎叶食用。

马兰头含有蛋白质、脂肪、维生素 C、有机酸等成分，有清热止血、抗菌消炎的作用。民间多在春初采摘，以炒、凉拌食用，食之有清香味，现为席上佳蔬。

除上述常见的蔬菜品种之外，一些具有特色的地方的品种和从国外引进栽培的品种亦屡见于市场，如芦蒿、蛇瓜、荷兰豆、南洋菜、龙角豆等，这里不再一一阐述。

第三节 豆类及豆制品

豆类是荚果类蔬菜，其品种很多，使用广泛，有的既可供鲜食，又可老熟之后作豆制品，有的还可用于榨油、制作淀粉或作淀粉制品

一、常用的几种豆类

（一）大豆

黄豆、青豆、黑豆的统称。古称菽。大豆原产我国，我国各地均有栽培，以东北出产最多。

大豆富含蛋白质（约40%）、脂肪（18%～20%）及维生素 B_1、B_2 和P，胡萝卜素、铁、磷、钙等营养素含量亦丰。

大豆制成豆粉，与米粉掺和后可做糰子及糕饼。北方常将大豆粉与玉米面、小米面掺和制作窝头。

大豆主要用于榨油，豆油是较优质的植物性油脂。大豆也是制作豆制品的重要原料，干豆可发豆芽，嫩豆常作为菜肴配料或配色之用。

（二）赤豆

赤豆，亦称红豆、小豆。原产亚洲。我国栽培较广，以粒大、皮薄、红紫光且豆脐上有白纹者品质最佳，粒小深赤者较次，粒子稍长色灰暗不红或多花斑者品质最次。赤豆富含蛋白质、糖类、B族维生素和铁质，有补血功能。赤豆经泡软煮熟后，性软糯、沙大，可煨赤豆汤、小豆粥，也可煮烂熬制成赤豆泥、豆沙等，是制作甜馅点心、副食品的主要原料。

（三）绿豆

绿豆，又称吉豆。原产我国，栽培较广，品种较多，以色浓绿而有光泽，且粒大整齐者为佳。可与大米、小米混煮成稀饭、干饭、绿豆汤，是夏令清火的佳品，用绿豆磨成的粉是优质淀粉，常以此制作淀粉制品供蔬菜使用或制作绿豆糕。绿豆用水浸泡后生芽成豆芽菜是良好的蔬菜品种。

绿豆富含蛋白质、淀粉、维生素A、A_1、B_2 等。绿豆性甘味寒，有清热解毒、利尿消肿、消暑止渴之功效。

（四）蚕豆

蚕豆，又叫胡豆、罗汉豆、倭豆、佛豆。汉代时从西域传入，在我国栽培已久，西南及长江中下游流域是主要产区。蚕豆荚果大而肥厚，种子椭圆扁平，富含蛋白质、糖、钙、磷及维生素等。蚕豆的嫩豆荚摘下，取其豆料，是做菜的原料，可单独炒、烩、煮、焖，也常取嫩豆料的翠色作为菜肴之配料。老豆料可炒食、煮粥、制糕或制豆瓣酱等，也可提取淀粉。

（五）豌豆

豌豆，亦称毕豆、小寒豆、淮豆、麦豆，原产于欧洲和亚洲，在我国栽培已久。一般以嫩荚种子作蔬菜食用，种子呈圆形，有黄、白、黄绿等色。在江南一带，头年冬季及春季，常取嫩豆苗作菜，可炒可拌，成熟的豌豆种仁还可提取淀粉，制作优质的粉丝。

二、豆制品

用豆所制的豆制品种类很多，常见的以大豆制作的豆制品较多。一般有豆浆、豆腐、豆腐脑、千张（又叫百页）、豆油皮（豆腐皮）、豆腐干、腐竹、腐乳等。豆制品是我国人民生活中不可缺少的副食品。豆制品富含蛋白质和植物脂肪、无机盐、维生素等，营养价值高，价格又比较便宜，在蔬菜生长淡季还可调剂蔬菜供应，在烹饪中占有重要的地位。

豆制品中的多数品种为我国劳动人民所发明，国外制作豆制品技术在近年也有较大提高和改进。

下面将我国传统性的豆制品作一介绍：

（一）豆浆

豆浆是将洗净的大豆用水浸泡 7~20 小时后磨碎（根据天气冷暖确定浸泡时间）、加水（一般大豆与水的比例为 1∶8）、过滤（去豆渣），再煮沸即成。

豆浆富含蛋白质、脂肪、维生素等，是营养丰富的液体食品，受到人们的喜爱。

（二）豆腐

豆腐是大豆的重要制品，也是素食菜肴的主要原料。制作过程为选豆、浸泡、磨碎、加水、过滤、加热煮沸待豆浆温度下降到7℃~8℃时，再加入适量的盐卤或石膏溶液，使大豆蛋白质凝结沉下，拂去少量水分即成。

豆腐是植物性食物中含有较高的蛋白质，且易被人吸收的营养食品。豆腐所含的脂肪，不含胆固醇，也是动脉硬化和心脏病患者的理想食品。豆腐价廉物美，制作比较简便，因此遍及各地，是重要的烹饪原料。

豆腐洁白如玉、柔软细嫩、适口清爽，可单独作主料烹食，也可与荤料、素料配烧。豆腐适用于多种烹调方法，用豆腐制作的菜肴品种很多。

（三）豆芽

大豆（也可用绿豆）经水泡发，在一定的温度下，出牙抽茎后，除富含豆原有的营养成分外，还增加了维生素C的含量，一般发芽短者含量较高。豆生芽后，干物质损失20%左右。绿豆芽的发芽率高，维生素C含量高。

豆芽的营养价值高，且脆嫩清香，食用方法较多，炒、煸、拌、制馅心、作配料均可。

（四）豆腐皮、腐竹

豆腐皮又称油皮，腐竹又叫豆筋、支竹。豆腐皮和腐竹都是大豆的重要制品。豆腐皮是在豆浆熬煮后逐渐冷却时，用秫秸或长竹筷将浆表面凝结的一层薄膜挑起，从中间粘起成双层半圆形薄片再干燥而成。它色黄、有光泽、表面润滑、柔软不粘。

腐竹则是从豆浆锅中挑出的油皮层卷裹成棒晒干制成，因其形似竹棒，故名腐竹。它干燥、轻薄、色呈黄白，便于储存，味道鲜美，食用方便。

豆腐皮和腐竹富含蛋白质、脂肪，还含有糖、钙、磷、铁，以及硫胺素、核黄素、烟酸等。腐竹可单独炒、烩、烧、蒸，也可与其他原料配烧。豆腐皮可单独烹制，也可与其他原料配制，炸、拌、烧、熘、焖均可。在配制花色菜时，豆腐皮常作卷裹的外皮。

（五）豆腐干

豆腐干是将嫩豆腐放入一定规格大小的木框架中，用板压平，挤压去大部分水分，干结而成。豆腐干的大小、厚薄各地不同。江苏扬州生产的豆腐干，质量较好，称为方干，是传统名菜“大煮干丝”的重要原料。也有加入香料制作的豆腐干，如五香豆腐干等。

豆腐干可批片、切条、切丝，可单独烹食，也可与其他配料炒、烩、煮、烧、卤、酱拌等。

（六）豆腐乳

豆腐切成块状，经初步发酵，用盐或盐水腌渍，再进行后期发酵，即制成豆腐乳。豆腐乳营养丰富，色泽鲜艳，具有浓郁的酱香及酒香味，细腻无渣，入口即化，很受人们欢迎。豆腐乳一般有红方、青方二种。腐乳汁可作烹制菜肴的调味品。腐乳一般是家常稀粥的佐食小菜。

第四节　蔬菜的品质检验与保管

一、蔬菜的质量要求

1. 蔬菜应新鲜、清洁，无冻伤、发芽、腐烂变质等现象。

2. 蔬菜应保持其完整性，没有机械损伤（如压伤、碰伤、破损等情况）。

3. 蔬菜应没有虫害，否则会影响外观，降低品质。

4. 蔬菜不应沾有污物和虫卵，否则某些寄生虫卵污染蔬菜后易使人患寄生虫病。

5. 蔬菜不应含有对人体有害的物质，如氰甙、龙葵素、亚硝酸盐及杀虫剂残留等。

二、蔬菜的品质检验

蔬菜的品质检验，主要是根据是其新鲜程度、收获的最佳期、品种的优越性等进行鉴别。收获的最佳期与品种的优越性关系到农业耕作的园艺栽培技术，此处不做专门阐述，仅就鉴别其新鲜度来阐述。

蔬菜的新鲜度一般可从其含水量˙形态色泽等方面来检验：

（一）含水量

蔬菜的共同特点是含有较多的水分。保持原有正常水分，表面有润泽的光亮，梗叶、花蕾等有一定的脆性，刀断面或折断面有充足汁液渗出的，即为新鲜的蔬菜。如外形干瘪，失去水色光泽，缺少脆性，说明新鲜度降低。

（二）形态

含水量下降影响蔬菜原来鲜嫩的形态，因此，从形态的改变也说明蔬菜的新鲜程度。形状饱满、光滑、无伤痕即为新鲜的蔬菜。如形状干缩、变小、表面粗糙发蔫且有病虫害及伤口疤痕，都是不新鲜的蔬菜。尤其是叶菜类、花菜类、瓜果类等变形特别明显，块根类、荚壳类相对变形要慢得多。

（三）色泽

蔬菜都有其固有的颜色。颜色鲜艳且有光泽的都是新鲜的，如叶菜类蔬菜，颜色都为翠绿色。根茎类的萝卜则有红、黄、青、白等颜色，山芋也有黄、红、白颜色。果菜类的番茄是红色，茄子是紫黑色或青白色。蔬菜随着其新鲜度的降低，其光泽、颜色也逐渐向黄色、紫色、黑色、灰色转变。当然，不同成熟度的蔬菜其色泽也是不同的。

三、蔬菜的保管

新鲜蔬菜是极易腐烂的烹饪原料，质量容易发生变化。变化的原因主要有两个方面：一方面是自身的生理变化。蔬菜是具有生命的植物，在收获之后，由于酶和自身呼吸的作用，生理上会不断地发生变化而引起品质的变化。另一方面，蔬菜一般含有较多的水分及糖类，具有微生物繁殖的良好条件。空气中的微生物，只要温、湿度适宜，它们就能从蔬菜的伤处侵入，然后迅速繁殖扩展，引起蔬菜腐烂。因此，蔬菜要勤购勤销，不要贪多图便宜，大批积压，造成浪费。

在保管蔬菜时，为控制、阻止微生物生长，一般应用控制温度（低温保藏）、降低湿度（干燥保藏）方法。蔬菜在温度高、湿度大的情况下，就会加快呼吸，新陈代谢过程加快，消耗大量的营养成分，从而降低品质。

低温保藏时，又要防止冰冻现象。因为含水量大的蔬菜，当温度降到零度以下，就会因冻结使蔬菜结构受损。水分外渗，口味变异，外形、内部结构颜色也发生变化。蔬菜在低温环境下一般处于休眠状态，如土豆、洋葱、大蒜、萝卜等。当温度升高到适宜数值时，就会发芽长叶，造成蔬菜中水分和营养成分的大量消耗，严重的会失去食用价值。

保管蔬菜的关键是掌握适宜的温、湿度。蔬菜最适宜于低湿保管（0℃~1℃），但不能过低或过于干燥，否则也会干耗，降低蔬菜的新鲜度。

饮食业购进的新鲜蔬菜，品种较多，来源不一致，使用时间又不太长。一般来讲，不要把散装的蔬菜放入储存库储存（冬季北方储存蔬菜另当别论），而对购进瓶装或罐装的使用价值高的蔬菜，一般须注意使用有效期。

散装的蔬菜应放在阴凉、通风处。堆放时注意不要与水产品、酒类、咸鱼、咸肉及活家禽放在一起。如发现有变质腐烂的蔬菜就应及时清除。做到先进先用、后进后用。如果把某些紧俏的档次较高的蔬菜存放在冰箱里，则应放在冰箱最外边的一格，以防太冷而冻坏。

豆制品是饮食业烹制菜肴的常用原料之一。豆制品是室内加工品，因此不受季节、气候、地域的限制。豆腐、豆腐干等原料，含水量较高，温度高时能引起微生物繁殖，会使豆腐发酵变质，如用低温或盐煮的方法即可保存较长时间。豆腐皮保管时应注意防风、防潮、防蛀。腐竹主要是防潮、防蛀。豆芽是大豆、绿豆在温湿的环境下制成的，一般保质期二三天左右，注意放在背光处，常浇水即成。如果温度过高，也会引起腐烂变质。

思考题

1. 蔬菜含有哪些化学成分？对人体有哪些重要的营养作用？

2. 为什么说蔬菜是重要的烹饪原料？

3. 蔬菜按组织构造和可食部分可为几类？每类主要包括哪些品种？

4. 我国各地主要蔬菜有哪些品种？掌握它们的基本特点、产地、产季及其在烹饪中的运用。

5. 怎样进行蔬菜的品质检验？

6. 如何才能搞好蔬菜的保管？

第五章　肉　品

第一节　概　述

肉品主要是指由人类饲养、驯化的家畜、家禽及野生兽、禽经宰杀后的躯体以供食用的动物性烹饪原料。也包括其加工制品、内脏及乳、蛋品，是我国运用最早、最广泛的烹饪原料。

一、畜禽肉品的组织结构及特性

畜禽肉的种类很多，但其组织结构及特性基本相同，一般主要由肌肉组织、脂肪组织、结缔组织和骨骼组织构成。不同的组织有不同的结构和不同的化学成分，因此，它们具有不同的性质特点和食用价值。它们在同一机体内相互之间有一定的比例，而它们的比例是由畜禽的种类、品种、年龄、性别、部位及饲养情况等所决定的。

（一）肌肉组织

肌肉组织是肉的主要构成部分。在各种畜禽的肉体中，按正常情况计算，肌肉组织约占50%~60%。肌肉组织中富含人体所必需的足价蛋白质，所以，肌肉是最有食用价值的部位。近年来，我国人民的消费水平有很大提高，对瘦肉型品种的肉需求量明显上升。因此，培育、饲养肌肉组织发达的家畜禽有重要意义。

肌肉组织主要由横纹肌组成。构成横纹肌的最小单位为细胞核的肌纤维，肌纤维是含有蛋白质、矿物质等营养素和各种酶的主要部分。一般由结缔组织包围、联结而组成肌肉组织，中间贯穿血管、神经、淋巴等。

肌肉组织食用价值的大小，决定于肌纤维之间的结缔组织的多少。因为，结缔组织属不足价蛋白质，且结缔组织过多，肌肉组织在烹调时不易熟烂。

（二）脂肪组织

脂肪组织是决定肉的品质的第二个因素。它也决定肉的食用价值。脂肪组织一般沉积在皮下、肾脏周围及腹腔内肠膜的表面，一部分与蛋白质相结合存在于肌肉中，一般占肉体的20%~30%左右。肌肉中的脂肪称为肌间脂肪，能使肉的风味柔滑而鲜美，因而食用价值很高。

脂肪组织由脂肪细胞构成。脂肪细胞的外围是由网状纤维所组成的脂肪细胞膜，膜内面有一层凝胶状的原生质。原生质中有一个细胞核，中间则为脂肪滴。细胞与细胞之间有网状结缔组织相连，形成脂肪组织。要使脂肪流出，就需要通过加热等手段破坏网状结缔组织。

（三）结缔组织

结缔组织在畜禽体中执行着机械的职能，由它连接着有机体各部，建立起软的和硬的支架。在整个有机体内部都有结缔组织分布，如腱、筋膜、血管、淋巴等。结缔组织有连接和保护机体组织的作用，一般占肉体的9%~11%。

结缔组织主要由两种蛋白质构成，即胶原蛋白（生胶蛋白）与弹性蛋白。胶原蛋白具有较大的机械牢固性，在一般条件下不溶解，在70℃~100℃时变为胶质可以被消化（如蹄筋），但其营养价值远不如肌肉组织的蛋白质。弹性蛋白在高温130℃才能水解，故可视为无营养价值。胶原蛋白与弹性蛋白属不足价蛋白质，营养价值小且不易消化，故结缔组织含量越少，肉的质量则越高。

肉中结缔组织的多少与畜禽的年龄、饲养、肥度和畜禽体部位有密切关系。凡年龄大、瘦弱、饲料粗，肌肉中的结缔组织就较多，同一畜禽由于肌肉分布部位不同，功能不同，以及紧张度不同，各部位肌肉的结缔组织含量也不同，一般畜禽体的前半部结缔组织较多，后半部较少。

（四）骨骼组织

骨骼组织是动物肌体的支持组织，也是肌肉组织的依附体。它可分硬骨与软骨两种，畜禽体的骨骼组织以硬骨为主。

畜禽体骨骼组织与畜禽的类别、肥度和部位有密切关系。例如，猪的骨骼组织在体内占5%~9%，牛为10%~30%，羊为20%，蒙古肥尾羊为8%~14%。育肥程度较优的畜禽的含骨量较少，例如，经育肥的牛的含骨量为9.8%，未经育肥的含骨量占体重的28%~30%。由于部位的不同，各个部位的骨骼比例有差异。以中等肥度的羊体为例，胸部骨骼为20.3%，背部为18.4%，腹部为10.1%。畜禽体内骨骼占的比例越大，肉的其他组织比例越小。

骨骼中无机盐的含量比较大，富含钙、钠、磷、镁等。这些无机盐主要存在于骨髓中。骨骼中还含有10%左右的脂肪和3%的生胶质蛋白。故在煮骨骼时，不但能增加汤汁的鲜味，还由于生胶质蛋白溶解于汤中，使汤稠浓并结成冻胶。这种骨汤的营养价值高于用肉煮的汤。

二、畜禽肉的化学成分

各种畜禽肉的化学成分主要有水、蛋白质、脂肪、糖类、无机盐、维生素等。这些成分在肉中的含量由于禽畜的类别、性别、年龄、饲养情况、育肥程度等的不同而有所不同。

（一）水分

肉中的含水量随着畜禽的肥瘦而有很大的不同。畜禽肥，水分相对减少，也就是肉中的脂肪越多，水分越少。肌肉越多，则水分增加，脂肪含量减少。幼小的畜禽肉，则含有大量的水分，脂肪含量也少。

（二）蛋白质

肉中的蛋白质主要是由许多人体不能合成的必需氨基酸构成的。必需氨基酸是决定肉类营养价值的主要成分。畜禽肉的蛋白质营养价值很高，是人体所需蛋白质的重要来源。

结缔组织类型的蛋白质如胶原蛋白和弹性蛋白等。它们不含有人体所需要的必需氨基酸，因此，相对而言食用价值要小些。此外，肉中还含有能溶于水的可溶性蛋白（或称浸出物），因而，煮制的肉汤滋味特别鲜美。

（三）脂肪

肉类脂肪是由甘油和脂肪酸及少量卵磷脂、胆固醇和脂色素所组成。不同的畜禽肉品种，脂肪的含量不同，脂肪酸的种类也不同。含饱和脂肪酸多的脂肪在室温下为固体，硬度大，熔点高，不易被人体消化吸收的脂肪营养价值低；反之，则高。猪脂肪较羊脂、牛脂不饱和脂肪酸含量高，所以猪脂肪熔点低，易被消化吸收，营养价值较高。

煮制的肉汤的滋味与肉中脂肪的含量有一定的关系。脂肪含量少的肉，肉质不仅发硬，而且汤味也较差，特别是肌间脂肪的含量尤为重要。

（四）糖类

肉中的糖主要是指动物淀粉。一部分存在于肝脏，一部分存在于肌肉组织中，其正常含量约为动物体重量的5%。

（五）无机盐

肉中含有钠、钙、镁、磷等无机盐。一般瘦肉比肥肉含量多，而内脏又比瘦肉含量多。

（六）维生素

肉中维生素的含量虽然不多，但其中的维生素 B_1，是人体所需要的重要来源。在肝脏中还含有丰富的维生素 A 及维生素 B_2 等。

三、肉品在烹饪中的运用

肉品在人的饮食中占有很重要的地位，尤其是畜禽肉，为我国人民膳食中动物性副食品重要来源，在烹饪中用途极广，是重要的烹饪原料之一。

（一）家畜肉的运用特点

家畜肉在烹饪中主要作菜肴的主料，独立成菜，反映出明显的风味和特点。偶尔也作配料，并适应于和多种蔬菜合烹，也适应多种烹调方法，尤其是猪肉一般无膻臊等异味，在调味上适应味型较广。牛肉含水量较多，但因纤维粗糙而紧密，加热后蛋白质凝固而浓缩，持水能力反而降低，失水量大，使肉质变得老韧，因此炖、焖、卤是常用的烹调方法。羊肉因有较重膻味，烹调时使用配料及调味品则要根据除膻的原则进行选择。

（二）家禽肉的运用特点

家禽肉与家畜肉相比，禽的肌肉发达，特别是胸肌和腿肌，占禽体的50%以上。这部分肉成型条件好，蛋白质含量高，吸水能力强，尤其是鸡胸肉可剁成茸制作各种茸类成形菜。禽肉的结缔组织少，肉纤维柔细，硬度较低，适合于多种烹调方法，在菜肴中大多单用，与配料合烹较少。禽肉构成的鲜味物质丰富，组氨酸含量高于其他肉类，水解氨基酸数量多，所以鲜味更加突出，制作的菜肴风味显著，并可制汤，作为其他菜肴制作的调味之用。

第二节 畜肉品种

一、家畜肉品种

（一）猪肉

我国大众的肉类消费量中，以猪肉为最多，约占肉食品消费总量的80%，这与我国的农业、畜牧业的具体情况有关，也与人们千百年来形成的饮食习惯有关。

猪肉中含有较多的肌间脂肪，因而烹调后猪肉的滋味比其他肉类鲜美。猪肉本身的品质因猪的饲养状况及年龄不同而有所不同。猪肌肉的颜色一般呈淡红色，煮熟后呈灰白色，肌肉纤维细而柔软，结缔组织较少，脂肪含量较其他肉类为多。育龄为一年至二年的猪，肉质最好，鲜嫩、味美、肉色为淡红。饲养不良和育龄较长的猪，肉呈深红并发暗，质硬而缺乏脂肪。猪肉的质量与猪的品种有很大关系。

在我国，猪有华北猪、华南猪两个主要类型。

1. 华北猪型。华北猪包括东北、黄河流域、淮河流域地区的猪。总的特点是：体躯长而粗、耳大、嘴长、背平直、四肢较高。体表的毛比较多，背脊上的鬃比较长，毛色纯黑。这种猪成熟较迟，繁殖较强。

2. 华南猪型。华南猪包括长江流域、西南和华南地区的猪。这种猪的特点是：体躯短阔丰满、皮薄、嘴短、额凹、耳小、四肢短小，背宽、毛细、肉质优美，成熟较早。

我国土地辽阔，各地区的自然条件和饲养方法不同，在全国各地（除禁猪地区外）培育成了许多优良猪种。较有名的品种有北京黑猪、河北定县猪、山东垛山猪、辽宁新金猪、四川荣昌猪、浙江金华猪、湖北宁乡猪、广东梅花猪、江苏太湖猪等。这些猪种均有较大的饲养量，肉质较好，出肉率较高。

除上述猪种外，在我国各地还有由外国引入的猪种，如长白猪、约克夏、苏联大白猪等。它们的特点是体型较大，头蹄较小，出肉率较高，肉质细嫩。

（二）牛肉

牛肉在我国约占肉食品消费总量的7%左右，现在比重逐年有所增加。通常食用的牛肉，多由丧失役用能力的黄牛、水牛或淘汰的乳牛提供。在南方水牛肉较多；在北方黄牛肉较多。也有专门饲养作肉用的水牛和黄牛称为菜牛。随着我国经济的发展和人民生活水平的提高，肉用牛的饲养越来越多，从而较好地满足市场供应的需要。如按性别分，有母牛肉、公牛肉，如按生长期分有犊牛肉、犍牛肉。不同品种以及不同性质和生长期的肉，在质量上有较大的差别。

1. 黄牛肉。肉色呈暗红色，肌肉纤维较细，臀部肌肉较厚，肌间脂肪较少，为淡黄色，肉质较好。

2. 水牛肉。肉色比黄牛肉更暗，肌肉纤维粗而松弛，有紫色光泽，臀部肌肉不如黄牛肉厚，脂肪为黄色，干燥而少粘性。肉不易煮烂，肉质较差，不如黄牛肉。

3. 犊牛肉。未到成年期的牛，即为犊牛。犊牛的肌肉呈淡玫瑰色，肉细柔松弛，肌肉间含脂肪很少，肉的营养价值及滋味远不如成年的牛。

4. 犍牛肉。肉结实柔细、油润、呈红色，皮下积蓄少量黄色脂肪，肌肉间也夹杂少量脂肪，质量较好。

5. 公牛肉。肉呈棕红色或暗红色，肉切面有蓝色的光泽，肌肉粗糙，肌肉间无脂肪夹杂。

6. 母牛肉。肉呈鲜红色，肌肉较公牛肉柔软。生长期过长的母牛，皮下往往无脂肪，肌肉间夹有少量脂肪。

（三）羊肉

羊肉在我国约占肉食品消费总量的 4%左右。在内蒙古、青海、新疆、甘肃等西北地区及西藏等地，羊的饲养是重要的畜牧生产活动，经济价值很高。羊肉是食物的重要来源，蒙古族、回族、藏族的食物构成中，羊肉是主要的动物性食品。可供肉用的主要有绵羊、山羊，其中有名的品种有蒙古肥绵羊、哈萨克绵羊、成都麻山羊等。

1. 绵羊肉。绵羊在我国分布很广，通常肉、毛、皮兼用，肉体丰满，肉质较山羊为好，是上等的肉用羊。绵羊肉肉质坚实，颜色暗红，肉纤维细而软，肌肉间很少夹杂脂肪。经过育肥的绵羊，肌肉中夹有脂肪，呈纯白色。

2. 山羊肉。山羊的主要产区在东北、华北和四川，主要以肉用为主，体型比绵羊小，皮质厚，肉的色泽较绵羊浅，呈较淡的暗红色。皮下脂肪稀少，但在腹部积贮较多的脂肪。并且，肌肉与脂肪中有膻味，肉质不如绵羊。

（四）狗肉

狗是人类最早驯化的家畜之一。耳短直立或长大下垂，听觉和嗅觉灵敏，犬齿锐利。其舌长而薄，有散热功能。狗的品种较多，可分牧羊犬、猎犬、警犬、玩赏犬等。狗肉富含蛋白质，是人们喜食的肉类。江苏沛县一带，人们烹制的狗肉有独到之处，称为沛县狗肉。冬季，食用狗肉有驱寒发热作用。龟汁狗肉有药理作用，也是沛县特产。

（五）兔肉

兔被人类驯化历史较长。兔齿尖利，上唇中间有裂缝，性温顺、动作敏捷。耳长，眼大稍突出，尾短上翘，后肢较前肢长，善跳跃。成年兔体重1500克~5000克不等，寿命约10年。兔有毛用、皮用、肉用和皮肉兼用4种。兔脂肪较少，以肌肉为主，色呈浅褐，质地较细，肉可炒、烧、煮、酱，也可与其他原料合烹成菜，在食品工业中做罐头原料。

（六）马肉

马是人们驯化历史很久的草食役用家畜，耳小直立，脸面较长。周身披毛、颈毛与尾毛较长且硬。四肢强健有力，善奔跑，寿命可达30年。主要分布于东北、西北、西南等地区。其肉可食用，但不很普遍。

（七）驴肉

驴是人们驯化历史较久的家畜之一。驴的身体比马小，耳长，全身有短毛，尾端似牛尾。驴性温驯，富忍耐力。食草、抗病力强。主要分布于华北地区，其肉食用风味颇佳。

二、野生畜肉品种

我国各地以野生畜肉作为烹饪原料的很多，尤以东北、安徽、湖南、湖北及广东、广西为最普遍。野生畜肉制作的菜肴风味别致，很受人们喜爱。现有些畜肉动物已被列为禁猎的保护种类。在此只按各地习惯使用的一些品种介绍如下：

（一）狍子

狍子，又称山狍子、傻狍子、草上飞。常生活在人烟稀少的山区、草原地带。狍子肉可食，有较好的滋味，并含有丰富的蛋白质、无机盐，营养价值较高。其内脏还含有多种维生素，是异常脆嫩的佳品。狍子稍有草腥味和土气味，烹制前必须用冷水浸泡2~3天，以去其腥膻味，在浸泡中应多换几次水，肉色会更白，滋味会更好，烹饪中适用炒、爆、炸、熘等方法制作菜肴，可作热菜，也可作冷菜。

（二）黄羊

黄羊，又叫野羊、山羊子。个体比绵羊稍大，体重35~40千克，色泽老黄，故名黄羊。主要产于大草原及大山区的边缘草地，猎捕黄羊以9、10月和下雪时为宜，此时，其体壮肉肥。黄羊的肉有膻味，食用时必须去掉膻味。方法有两种：一是将黄羊肉用冷水浸泡2~3天，并换水若干次，使肌浆蛋白的氨类物质浸出；二是将黄羊肉用冷水洗几遍，切成片或小块装盘，以少量苏打粉、料酒、葱、盐、红萝卜及清水拌匀浸渍2小时左右即可。去掉膻味的肉可烹制出适口的佳肴。常用的方法有煮、卤、焖、炖、扒、烤等，可作热菜，亦可作冷菜。

（三）野猪

野猪，别名山猪，产地主要是山区、半山区。秋冬猎捕为好，野猪肉有松脂味和土腥味，肉和内脏均含有丰富的蛋白质，特别是肌肉中蛋白质的含量多于家畜肉，胆固醇含量低于家畜肉类。烹制野猪肉必须事先用冷水浸泡，一昼夜换两次水以去不良气味，制作菜肴以炸、烹、烧为多，以酸辣、麻辣、酸甜等味为宜。

（四）野兔

野兔，也叫山兔，生活在草原地带和靠近山区的边缘地带，野兔的肥壮期在9、10月份。其肉发达，纹路细腻，质嫩，蛋白质含量较高，是人们喜爱的野味。兔肉可制作凉菜，如五香兔肉、麻辣兔肉等。制作热菜适于炸、炖、炒、爆等方法。

第三节　禽肉品种

一、家禽肉品种

我国饲养家禽历史悠久，极为普遍，人工饲养的家禽主要为鸡、鸭、鹅。

（一）鸡

鸡，鸟纲，雉科家禽。喙短锐，有冠与肉髯，翼不发达，但脚健壮。雄鸡喜啼，羽毛美丽，喜斗。母鸡生长 5~8 个月开始产蛋，年产近百个至二三百个不等。蛋重 50~60 克，壳褐、浅褐或白色，产蛋量逐年递减。孵化期 20~22 天，寿命约 20 年。

鸡按其用途可分为蛋用型、肉用型和蛋肉兼用型三大类。具体品种通常按产地或特征划分，饮食业中常用的鸡有如下几种：

1. 九斤黄。又名交趾鸡，原产山东，俗名山东鸡，是有名的肉用鸡。成年公鸡 5~6 千克，母鸡 3. 5~4 千克。此鸡成长快，易育肥。在一般情况下，小鸡经 90 天左右养育即可屠宰。九斤黄的产蛋量低，年产量 70~90 个。此鸡的羽毛有黄、黑、灰和麻酱色等几种，以黄色为最多。现在，长江中下游一带饲养较为普遍。

2. 寿光鸡。原产于山东寿光市，体型较大，肉质肥美，蛋比较大。此鸡适应性强，成熟期较长，羽毛以黑色居多，其次是褐色。单冠，腿长体高，有少量的绒毛。成年体重 3. 5~4 千克，母鸡 3 千克左右。母鸡年产蛋量 100~130 个，每只蛋重量平均为 65 克。

3. 狼山鸡。原产于江苏南通市，分黑白两种，现白色的已不多见，以黑色为多。纯黑色的毛羽上有紫金色光泽，皮肤为灰色或白色，单冠，尾高胸挺，体态雄伟。成熟期较迟，一般为8~10个月，成年公鸡体重为3.5~4千克，母鸡就巢性强，善于育雏，平均年产蛋量100~150个。

4. 浦东鸡。原产于上海川沙、奉贤、南江一带。体躯高大，肌肉丰满，肉质肥美，但成熟较迟。公鸡背上的羽毛为红黄色，腹下黑红色，尾羽黑色，体重4~5千克；母鸡的羽毛尖部呈浅棕色，其他部分均为淡黄色，体重3~3.5千克，平均年产蛋量约150个，每只蛋量约60克。

5. 萧山鸡。原产浙江萧山区，毛色淡黄，颈部黄黑相间，肉质较为肥美，公鸡体重3.5千克左右，母鸡体重2.5~3千克。

6. 庄河鸡。又名大骨鸡，原产辽宁丹东、庄河、新金等县。体羽多黄、褐、黑等色或带有白色斑点，颈色深浅不一，一般无颈羽，骨略粗大，抗寒力极强，蛋大，肉质好，易育肥，体重一般在3~4.5千克左右，成年期为8~10个月，每年产蛋100~150个，是良好的肉蛋兼用鸡。

7. 桃源鸡。原产湖南桃源县一带。体羽有黄麻栗、褐色。体大腿高，生长快，具有良好的体型，最大者重量可达5千克左右，成龄期为6~7个月，母鸡每年可产蛋170个左右，为肉蛋兼用鸡。

8. 海科白鸡。产于江苏南通地区，羽毛白色，头冠、喙和脚为黄色，体重一般在3.5千克左右，成龄期为6个月。母鸡产蛋量为150个，是良好的肉蛋兼用型鸡。

9. 洛岛红鸡。原产于美国，在世界上分布很广。羽毛绛红色，带光泽，主副翼羽及尾羽尖端为黑色。冠多为单冠，玫瑰色。体型长，肌肉发达，肉质好，产蛋多，平均年产150~170个，蛋重35~40克。公鸡体重一般为3.5~4千克，母鸡为2~3千克。

10. 澳洲黑鸡。由英国的奥平顿鸡和来杭鸡杂交而成，全身羽毛油黑发亮。喙和趾亦为黑色，冠鲜红色，身躯丰满，是优良的蛋肉兼用品种，平均年产蛋量200个左右，蛋重59~60克，公鸡体重3.5~4千克，母鸡2.5~4千克，肉质较好。

（二）鸭

鸭，鸟纲，鸭科家禽。喙长而扁平，尾短脚矮，趾间有蹼，翅小，复翼羽大。公鸭尾有卷羽四根。性胆怯，喜合群。母鸭好叫，公鸭则发音嘶哑。善觅食，嗜食动物性食料，生长快，耐寒，可分蛋用、肉用和肉蛋兼用三种类型。北京填鸭为世界最著名的肉鸭品种之一。

1. 北京填鸭。又名油鸭和白鸭。初生小鸭全身黄色，长大后羽毛变为雪白色，嘴和脚变为浅黄色，翅膀短，背长而宽，胸部发达，腿短强壮。此鸭的肌肉与一般鸭不同，肌肉的纤维间夹杂着白色脂肪，红白相间，细腻鲜亮。

此鸭的饲养方法很特殊，从小鸭孵出到可以烤吃只需三个多月，前两个月称为初雏及中雏期，吃食和饮水都有一定的时间和分量，由鸭子自行食饮。后一个多月为填鸭阶段，即强制育肥阶段。其方法是将玉米、黑面、黑米、稻米糠加水做成小条，每日由人工强制填喂两次，定时定量。初填时，一半饲料是填的，一半饲料是自食的，到后来，鸭子完全丧失了自食的能力，必须人工填喂，下水活动较少，所以生长很快。填喂至30天后，它的消化机能大幅度减退，食欲降低，应及时宰杀，如不宰杀，就可能退膘。

2. 麻鸭。原产于山东、江苏、浙江一带，现广泛分布于长江以南地区。毛色为麻褐色，带少许黑斑色，呈麻雀毛样，故称麻鸭。麻鸭不仅是优良的肉用鸭，而且也是优良的蛋用鸭，每年产蛋200~300个，体较轻，一般为1.5~2千克，但肉质肥嫩。

3. 娄门鸭。即绵鸭，产于江苏苏州地区，体型大，头大喙宽，颈较细长，胸部丰满，羽毛紧密，呈棕灰色，细芦花毛。母鸭体羽为麻雀毛，眼睑上方有新月型的灰白羽毛，脚橘红色，爪黑色，体重3.5~4千克、6~7个月成年母鸭年产蛋量约100~140个，是良好的肉用型鸭。

4. 番鸭。又称洋鸭、瘤头鸭，原产于南美洲和中美洲地区。现我国亦有饲养，体躯前尖后窄，呈长椭圆形，头大颈细，喙短狭，基部和眼圈有不规则的红色或黑色肉瘤。公鸭羽毛丰满美艳，带金属光泽，有纯黑、纯白或杂色数种，较一般鸭喜飞，生长迅速，适于群养，个体最大者可达5千克以上，成年期为7个月，母鸭年产蛋70~80个。肉呈红色，细嫩鲜美，无腥味，皮下脂肪发达，为肉用型鸭。

（三）鹅

鹅，鸟纲，鸭科家禽。头大，喙扁阔，前额有肉瘤。颈长，体躯宽大，龙骨长，胸部丰满，尾短，脚大有蹼，羽毛白或灰色，喙、脚及肉瘤黄色或黑褐色。食青草，耐寒，合群及抗病力强，生长快，肉质美，我国华东、华南饲养较多，中国鹅闻名世界。

1. 中国鹅。是一个历史悠久的品种，在我国分布极广，现世界各地饲养也很普遍。头较大，前额有一个很大的肉瘤，颈长，胸部发达，腿较高，毛色有白色和灰色两种。白色鹅的喙和趾呈黄色，灰色鹅的喙和趾呈黑色。成年鹅体重约4~5千克，母鹅年产蛋量60~70个。

2. 狮头鹅。原产于广东，体型较大，成年公鹅体重15~30千克，母鹅9~12千克。鹅前额肉瘤很发达，且向前呈扁平状，皮肤松软，两颊也有肉瘤，嘴下有肉垂，多呈三角形，头部正面像狮头而得名。原产地气候温和、四季常青、饲料充足，故生长快，成熟早，肉质优良，出肉率高，年平均产蛋量为25~35个，个别的达50个，每个蛋重130克。

3. 太湖鹅。产于江苏南部地区，体质强健结实，外貌酷似天鹅。头较大，喙的基部有一个大而突出的球形肉瘤，颈长，弯曲成弓形，胸部发达，腿亦高，尾向上，属小型鹅。体重一般约有3.5~4千克，成年期约为7~8个月，母鹅年产蛋50~60个。

4. 当涂冬鹅。产于安徽当涂、鞠湖、和县一带，体貌与太湖鹅差不多，体重一般在5千克左右，母鹅年产蛋约40个，亦属小型鹅。

5. 舟山鹅。产于浙江宁波、舟山、奉化一带。全身羽毛为纯白色，公鹅喙的基部有一个大而突出呈球形的肉瘤。胸部发达、腿高，生长迅速，成龄期为3~4个月，体重可达5~6千克，母鹅年产蛋50~60个，其肉肥嫩鲜美，是罐装食品的良好原料。

二、野禽肉品种

（一）鸽

鸽有家鸽、岩鸽、原鸽等。

1. 家鸽。由原鸽驯化而成，喙短，翼长大，善飞，足短，体呈纺锤形，毛色有青灰、纯白、茶褐、黑白相杂等。雌雄双栖，喜群飞，孵化期约18天，雌雄交替孵卵，并均能从嗉囊中吐出乳糜以哺雏。家鸽品种很多，按用途分有玩赏、传书、肉用三大类。肉用鸽体型较大，重约1~1.5千克，成长快，繁殖力强（每年可达10窝），肉质鲜美。

2. 岩鸽。亦称山石鸽，分布于我国东北、西北一带，肉质鲜美，头和颈暗青灰色，肩、上背、颈基以及喉、胸等部带紫绿色光泽，形成很明显的颈环，嘴黑色。两翅折合时有两道明显的横带斑。性喜结群，食果实、种子、谷类等。飞行快速，并善疾走。

3. 原鸽。亦称野鸽，为家鸽的原种，体型大小与家鸽相似。羽毛大体呈灰色，颈紫绿色。此鸽食谷类及蔬菜种子，分布于欧洲、非洲大陆，以及伊朗、印度等地，我国也有。肉可食。

（二）斑鸠

斑鸠体型似鸽，大小及羽毛色彩因种类而异。在我国，分布较广的为棕背斑鸠，亦称金斑鸠或山斑鸠。背羽为淡褐色，而羽喙微带棕色；两肋、腋羽及尾下复羽皆为灰蓝色，栖于平原和山地的林间，食浆果及种子等。斑鸠肉可食，适合炸、熘、炒、烧等烹调方法。

（三）鹌鹑

鹌鹑简称鹑，体型小，一般体长 20 厘米，头小尾秃，额、头侧、须和喉部均为淡红色。周身羽毛都有白色的羽干纹，常潜伏于杂草和灌木丛中，以谷类和种子为食。鹌鹑肉味甚佳，蛋亦可食，且营养丰富，为高档菜肴的制作原料。

（四）鹧鸪

鹧鸪形似鹌鹑，体长约 30 厘米，羽毛大都黑白相杂，尤以背上和胸腹部的眼状白斑更为显著，常栖息于灌木丛和疏树的山地，肉肥味美。

（五）野鸭

狭义的野鸭是指绿头鸭，广义的包括多种野鸭。野鸭体型比家鸭小，趾间有蹼，善游水，多群栖湖泊中，杂食或主要以植物为食。肉味鲜美，羽毛可制绒，是重要的经济水禽。

（六）石鸡

石鸡体长 30 厘米左右，通体棕灰色，胸前有黑颌，两肋杂以黑色和栗色横斑，嘴和足均为红色，爪黑褐色。栖于山崖间，觅食谷物、浆果、种子嫩芽、昆虫等。石鸡分布在我国东北西南部及内蒙古、华北及甘肃一带的山地。肉供食。

（七）原鸡

原鸡是家鸡的祖宗。雄鸡的羽毛尤其是尾羽很长，体长（包括羽毛）约60厘米。肉冠不大，头部和颈有尖状长羽。体羽多为黑色，带有金属光泽，尾羽颇长。雌鸡形小，尾短，上体羽毛大都为暗褐色。原鸡栖息于山区密林中，食植物种子，谷物和嫩芽，兼吃虫类及其他小动物，主要分布在云南、广西。原鸡肉味鲜美，羽毛也有用处。

（八）松鸡

松鸡体长约60厘米，羽毛多为纯黑色，翼羽和尾羽端部有白斑，体羽前端灰色，栖息于高山林带，尤其是稠密的白桦林中。多群居，食树芽和浆果等。松鸡分布于东北一带，肉肥美可口。

（九）榛鸡

榛鸡亦称飞龙鸟。羽毛烟灰色，尾端有黑色条纹，眼栗红色。雌鸡稍带褐色，喉部棕色。一般体长近40厘米，食植物的嫩芽、种子，夏季也食昆虫。榛鸡分布于东北一带，是珍贵的野味，素有“天上龙肉”之称，含有丰富的蛋白质，肉色紫红，经烹调加热后变为白色，鲜嫩异常，味美无比，适用多种烹调方法制作菜肴。

（十）鹳鸡

鹳鸡外型如鸡，嘴尖，毛深灰黑色，生活习性与野鸭相似，常常栖息于湖畔，盛产于安徽当涂县丹阳湖、石臼湖等。肉质细嫩、脂肪丰富，为烹饪中良好的野味品种。

（十一）沙半鸡

沙半鸡又称沙鸡，体型小，一般重250克左右。其羽毛沙棕色，带有黑色斑纹，在我国分布于河北、山东、东北各省的草原及半山区。沙半鸡肌肉发达，富含蛋白质及钙、磷、铁及维生素，肉滋味鲜美，为我国出口禽类之一。沙半鸡制作菜肴，以炸烹、熏等烹调方法为多。

（十二）铁雀

铁雀又称花雀、禾花雀，分布于全国各地，多在秋季捕获。铁雀类似麻雀，喙短毛色花黄。其肉质味道可以与鹌鹑媲美。在烹饪中，适用清炸、烤、酱、烧等方法制作菜肴。

第四节　畜禽肉制品

我国对畜禽肉的加工历史可追溯到周代，在一些古籍中即有肉制品的名词出现。千百年来，劳动人民在对畜禽肉的加工方面积累了丰富的经验和独到的技术。我国肉制品的种类很多，按加工方法不同，可分为腌腊制品、脱水制品、灌肠制品及其他制品。

一、腌腊制品

腌腊制品主要是利用食盐的渗透压作用，使鲜肉中的水分部分析出，而盐分则渗入鲜肉组织中加工而成。因此，腌腊制品紧缩，具有抑制微生物繁殖及防腐的作用。

（一）腌制的方法

1. 干腌法。干腌法是用食盐（多用粗料海盐）和硝（硝酸盐、亚硝酸盐）直接在肉的表面搓擦腌制的方法。有的还用糖和其他调味品以增加肉制品的风味。它的优点是方法简便容易保藏，蛋白质损失较少。缺点是咸度有时不均匀，色泽不好，肉质较硬。我国的火腿与一般咸肉多用干腌法。

2. 湿腌法。湿腌法是按一定的比例用盐、硝混合物和辅料及水配制成盐溶液，将肉浸渍在溶液中腌制的方法。湿腌法的优点是咸度均匀，能保存较多的水分，色泽鲜艳，肉质柔软。缺点是肉中的蛋白质损失较多，耐贮性较干腌法稍差，我国广东腊肉多用此法。肉块在盐溶液中浸泡时，要注意翻缸和时间。目的是改变肉块的受压部位，以加快盐、硝的扩散渗透使色泽均匀。经过长期静止的盐水，其浓度上下各处的咸度可能不一致，通过翻缸重新趋向一致。

3. 混合腌法。混合腌法是上述两种腌法的综合。一般是先将原料用干法腌制，约经三天后，再浸入盐硝溶液中。混合腌法的优点是制品色泽鲜艳，咸度均匀，蛋白质损失不多。如熏腿和西式咸肉均用这种方法。

（二）腌腊制品的品种

1. 咸肉。具有加工简单、费用低、便于运输和储藏的特点，是最古老又普遍采用腌制方法加工的猪肉腌腊品种。在民间，人们经常作咸肉。在南方农村，农民历来就有腌肉的习惯，故咸肉又称为“家乡肉”。

新鲜咸肉，盐水呈暗红色、透明，皮有泡沫和絮状物，盐溶液呈酸性，切剖肉块，肌肉纹理较清楚，色泽均匀，浸出液呈酸性。不新鲜的咸肉，盐溶液混浊，呈弱碱性，切剖肉块，其肌间组织松弛，切面色泽不均，并多呈灰色或褐色，散发腐败之味，渗出液呈中性或碱性。

2. 腊肉。腊肉与咸肉一样，首先要经过腌制过程，然后进一步熏制。我国腌制腊肉的地域比较广阔，尤以南方各地生产腊猪肉为多，如四川腊肉、湖南腊肉、广东腊肉等。其中以广东腊肉最为著名。腊肉中，腊羊肉以华北和西北地区生产较多。

腊肉在选料上，比腌肉要精，一般是选用瘦多肥少的猪肉，并加工成块型（或片型），大小尽可能一致。腌制时，要求咸度均匀。

腊肉的加工方法各地不同，各有特色，一般将去骨、皮（有的不去皮）及去掉奶脯的肋肉或腿肉，切成2千克左右的长条，放入调好的砂糖、精盐、硝酸钠、曲酒及食油的容器中，浸8小时左右。此种腌制方法与干腌法相似，蛋白质损失较少，加入适量的曲酒和植物油，可使肉色鲜艳。

腊肉腌好后，取出挂在竹竿上，放入多层的烘房内烘烤3天左右，至水分充分散尽，并稍有出油现象时为止。烘肉表面呈金黄色泽，并有浓香气味。

3. 火腿。火腿属于腌肉制品的一种，是我国有悠久历史的最负盛名的特产品之一。其中以金华火腿最著名，被称为“南腿”；江苏如皋腌制的火腿称“北腿”；云南腾越和榕峰为中心所产的火腿称“云腿”。

金华火腿的腌制方法特殊，它是以当地著名的金华猪腿为原料，采用加压干腌法，先将食盐充分渗入肌肉间，把水分析出，使肉细胞收缩，再加适当压力，使肌肉水分进一步析出，肌肉更为紧密，以防止微生物侵入。制品具有因自身的醇素作用而分解的蛋白质所产生的特殊芳香，且不易腐败变质。火腿形状和肌肉切面的颜色也很悦目，一般瘦肉呈深红色或棕红色，肥膘呈浅黄色。

金华火腿因生产季节不同，又可分为正冬腿（腌制于隆冬）、早冬腿（腌制于初冬）、春腿（腌制于立春以后）、茶腿（腌制于春分）等品种。因调味不同，又有酱腿、糖腿、果味腿、桂花腿、玫瑰腿等之分。

4. 板鸭。板鸭以活麻鸭经宰杀、开剖、整形、擦盐、控卤、复卤、再整形等多道工序制成。板鸭成形一般为琵琶形状，故而又称“琵琶鸭”。全国比较著名的品种有江苏的南京板鸭、湖熟板鸭、上海的慎发祥板鸭，浙江的塘栖板鸭，江西的南安板鸭，湖南的乾州板鸭、零陵板鸭，福建的建瓯板鸭，四川的白市驿板鸭、建昌板鸭等。其中以南京板鸭最为著名，已有500多年的生产历史，清代列为贡品，故又称贡鸭。

南京板鸭鸭体平板呈扁圆形，全身无毛，无皱纹，八字骨扁平，两腿挺直，胸肉突起，制熟后具有干、板、酥、烂、香的特点。按季节分有腊板鸭和春板鸭两种。前者为小雪到立春间腌制，腌得较透，肉质细嫩，可保存4~6个月；后者为立春到清明间腌制，又称青板鸭，宜现制现吃，保存期最长不过4个月。

板鸭烹制前要先于清水（或淘米水）内浸泡3~4小时，脱去大部盐分，并使鸭身变软，洗涤干净再下锅。烹制时沸水下锅，文火焖制。保持锅内响而不开，才能保证板鸭的风味。板鸭食用以冷菜为多。

5. 风鸡。由活鸡宰杀后经腌制再风干制成。全国各地均有制作，但方法有所区别。

江苏、安徽、河南等地产的风鸡，一般在小雪前后腌制，选一年左右的公鸡为主，宰杀后不褪毛，腋下开口去内脏，以花椒盐放入腹腔摇匀，并于鸡口和刀口处擦盐，将鸡头插入腋下刀口内，以草绳密密捆好，挂于阴凉通风处，可保存1~3个月，于春节期间食用。名产有河南“固始风鸡”等。

湖南产的有两种，一为泥风鸡，又称风干带毛鸡，制法与江苏等地相似，不同的是选用母鸡或阉鸡，肛门开口，盐中加白糖或辣味料，不用绳捆而用湿泥全部糊严，晾1~2个月即成，可存放半年左右。二是南风鸡，鸡宰后须褪毛，于缸内压腌4天，再用盐水浸一天，然后晾10天左右即成。

云南产的风鸡，鸡宰后不褪毛，于下腹部开小口去内脏，用盐和草果粉，白胡椒粉拌匀，擦于腹腔内及鸡口、刀口，最后将刀口缝合，挂通风处晾干即成，可保存3个月左右。

风鸡烹饪时，应将毛去净，一般用炖煮方法成熟，作冷菜使用，也可加配料烧、炒、烩成菜，或作火锅用料。煮鸡的汤可作鲜汤用。风鸡肉较挺，但柔嫩细滑，鲜爽不腻，腊香浓郁，具有别致的风味。

二、脱水制品

脱水制品是肉类原料经过一定方法脱水调味等加工而成的制品。肉类原料脱出水分，即可长期保存，而且体积小，重量轻，便于携带和运输，在饮食业中，也是重要的烹饪原料。

肉类脱水干制一般有自然干燥、人工干燥、低温冷冻和升华干燥等方法。干制后水分含量能减少到6%~10%。我国常见的脱水干制品有肉松、肉干和肉脯等。

（一）肉松

肉松是我国著名的特色肉制品之一。它是将猪瘦肉（无皮无骨无肥膘）加工成小块形状，先经煮熟（期间要加入调味品），后按肌肉纹理撕碎，进行焙烤、脱水、搓揉而成。它耐储藏、体积小、重量轻、口味香鲜软绵、富有营养。

我国各地均有肉松生产，比较著名的有福建肉松、太仓肉松、四川肉松等。这些肉松由于配料（指调味料）不同，各有独特的风味。

福建肉松比较有名，加工方法是将猪、牛等肉去皮、骨、肥膘，放进热水中加入老姜煮沸半小时后将瘦肉捞出压散，再放回原来汤中煮沸，并加入黄酒、糖、盐等；待肉煮熟后，放入锅中以文火焙烤，直至肉纤维分离，取出揉搓，使其呈松散的肉纤维状，晾凉后进行包装。

肉松以色泽澄黄，蓬松柔软，有弹性，香味纯正浓厚，肉松丝条匀净，无肉筋和结块，食后无渣滓为好。

（二）肉干

肉干是猪、牛等肌肉经煮熟加入各种辅料烘干而成的一类肉类制品。全国各地均有生产。由于所用的辅料不同，口味也不一，形状多为 1 立方厘米的块状和长条状，加工方法一般经过初煮、切块、复煮、烘烤等工序。成品干香鲜、咀嚼后口味悠长，回味无穷，佐酒、零食均可，为人们所喜欢。

（三）肉脯

肉脯是猪、牛肉类原料脱水加工的肌肉薄片，全国各地有不少地方生产。其加工需经选料整理，切片、配料、摊筛、烘干、烤制等工序。我国著名的品种有江苏靖江肉脯，因选料严格，质量较好，畅销内地市场及香港、澳门特别行政区，并出口到新加坡、日本等国家。成品鲜香，越嚼越有味，为佐酒佳品。

三、灌肠制品

灌肠制品是将肉切碎后加调味品、辛香料等均匀混合以后灌装在肠衣内制成的肉类制品的总称。灌肠的种类很多，按其加工的特点有中式灌肠（香肠）和欧式灌肠（红肠），是便于保藏、运输、携带，味道鲜美的一种肉制品。

（　）灌肠制品的加工方法

灌肠的加工，各地做法不一。又由于品种多样，所以加工方法各有差异。这里介绍香肠的加工方法：

1. 灌制。将肉去皮骨，肥、瘦比例按标准搭配，切成碎块，加盐、硝酸钠、糖、酒、葱、姜汁等调味品。腌制 3～4 小时，拌匀拌透放入肠衣中，隔 15～20 厘米为一段，用线扎住。

2. 日晒或晾挂。香肠灌好后，放在阳光下晒 1～3 天。使水分蒸发，待其外表干燥后，在通风良好和卫生的房屋内晾挂，使香肠肉缓慢干缩，约经20~25天便可产生香味。

3. 熏烤。有的香肠经灌制后不经日晒，而采用熏烤。熏烤的主要目的是使肠衣的胶质和蛋白质发鞣，肠衣变结实，不易吸湿，阻止微生物侵入，而且使肠衣变得透明美观。

（二）主要灌肠制品的风味特点

1. 广东腊肠。分段较短（长10~12厘米），肠身较细（直径1.5厘米左右），加工时肉馅中不加水，只加酱酒等佐料，甜咸适中，香味浓郁，肉质坚实，味质鲜美，耐储存，风味较好。

2. 南京香肚。用猪的膀胱容纳肉馅，呈圆形，风味独特，咸度适口。肉馅的加工灌制方法及日晒、晾挂和熏烤的方法与香肠基本相同。

3. 哈尔滨红肠。欧式灌肠的一种。将肉类原料经腌制、绞碎、拌馅、灌制、捆扎、烘烤煮制和熏制等工序制成。成品色泽枣红，表面微有皱纹，坚韧有弹性，结构紧密，直径在3~4厘米，长度为18~22厘米左右，有烟香味。目前市场供应较多的以食用塑料灌装的火腿肠，亦是红肠的一种。

四、其他肉制品

除上所述的肉制品外，我国还有一些传统的或现代的肉类加工制品。主要种类有酱卤制品、熏烤制品和罐装肉制品。

（一）酱卤制品

酱卤制品是我国传统的一大类肉制品。其主要特点是，成品都是熟的，可以直接食用，产品酥润，有的带有卤汁。全国各地均有生产，亦有不少著名品种，如苏州的酱汁肉、无锡的酱制排骨、北京月盛斋的酱牛肉、河南道口烧鸡等。

（二）熏烤制品

熏烤制品亦是我国传统的肉制品，是利用某些燃料没有完全燃烧的烟气熏制而成。其产品的质感、滋味、香气等感官性质均有明显的特点，在饮食业生产亦很普遍。熏制方式对肉既有加热作用，又有脱水干燥的作用，成品有特殊的烟熏制品风味，色泽较好，能增进食欲，尤其通过烹制以后对空气中的氧化作用更加稳定，使产品耐保藏。我国著名的熏烤制品有上海熏腿（西式火腿）、广东烤肉、叉烧等。

（三）罐装肉制品

罐装肉制品利用密封原理，防止微生物侵入和氧化作用，运用现代技术加工的产品，可按照烹饪的各种方法加工，口味多样，保鲜程度强，便于保藏和食用，是一种很有发展前途的肉制品生产方法。全国各地食品工业均有生产，品种很多。如午餐肉、红烧猪肉、姜味肉丁、五香猪排等。

第五节　乳、蛋品

一、乳和乳制品

主要指牛乳及其制品。牛乳通常叫作牛奶，是乳牛从乳腺中分泌出的奶液，一般为白色（乳白色）或稍带黄色的不透明液体，有特定的乳香味。牛乳中含有丰富的脂肪、蛋白质、糖类，还含有多种维生素和无机盐。牛乳营养价值很高，是常用的液体食品。在欧洲、北美人们的膳食中，牛奶占较大的比重。

（一）牛乳的分类

奶牛在泌乳期间，乳的成分会发生变化。通常这种变化将乳分为“初乳”“常乳”“末乳”三种。此外，乳牛因受外界因素影响或体内生理上的变化，使牛乳发生变化，这种乳称为“异常乳”。

1. 初乳。母牛产犊后，七天以内的乳称初乳。初乳黄色而浓厚，有特殊的气味，化学成分与常乳有明显的差异，干物质的蛋白质和无机盐类含量高，而蛋白质中又以球蛋白含量为高，维生素 A 的效价也特别高。但乳糖的含量却比较低。

2. 常乳。母牛产犊一周后，牛乳的成分及性质基本趋向稳定，从这以后到干奶前的牛奶称为常乳。常乳营养价值较高，是鲜牛奶的主要来源，也是加工乳制品的主要原料。

3. 末乳。乳牛在干奶期间尚有奶汁分泌，但分泌量较低，也不稳定，这时的乳汁称为末乳。末乳的化学成分与常乳比较又有所不同，具有苦而微咸的味道，因乳中解脂酶增多，所以带有油脂氧化味。

4. 异常乳。异常乳是乳牛在外界因素的干扰下，在自身生理状态发生变化时（包括病理变化）所分泌的乳汁。广义地说，凡不适于饮用和用作乳制品的都称为异常乳，如初乳、末乳、无机盐类平衡不正常之乳或乳房炎乳，以及混入其他物质的乳，通常都称为异常乳。异常乳一般都不能食用。

（二）牛乳的营养成分

牛乳的营养成分主要有：水、蛋白质、脂肪、乳糖、无机盐类、磷脂、维生素、酶、免疫体、色素、气体及其他微量成分。

正常牛乳各种成分的含量大体是稳定的。因此，可以根据这一标准来辨别乳的好坏。但当受到各种因素的影响时，乳汁中化学成分的含量会有所变动，其中，脂肪变动最大。蛋白质次之，乳糖含量通常很少变动。牛乳中各种化学成分的含量大致如下：

1. 水分。牛乳中主要组成部分是水分，约占 80% 以上，水分内溶解有有机物、无机盐类、气体等。

2. 气体。溶解于牛乳中的气体，以二氧化碳为最多，氮次之，氧最少。在对牛乳进行消毒处理过程中，因与空气接触而使空气中的氧、氮溶入牛乳，致使氧氮含量增加、二氧化碳的含量减少。

3. 乳脂肪。牛乳中的脂肪以球状或乳浊状分散在乳中，是牛乳中重要的成分之一。乳脂肪不仅与牛奶的口味有关，同时也是稀奶油、奶油、全脂奶粉及干酪的主要成分。牛乳中的脂肪含量随奶牛的品种及其他条件而异，一般在3%~5%之间。

4. 磷脂类及胆固醇。磷脂类按其化学成分来看，很接近脂肪，由甘油、脂肪酸、磷酸和含氮物组成。牛乳中含有三种磷脂，即卵磷脂、脑磷脂和神经磷脂。平均含量 0.072% ~ 0.086%，另含胆固醇 0.05%。

5. 乳糖。乳糖是哺乳动物乳腺特有的产物，在动物的其他器官和组织中不存在。乳糖是一种双糖，约占牛乳的 4.5%，占干物质的 38%左右，水解时生成葡萄糖和半乳糖。

6. 乳蛋白质。牛乳中含有三种主要的蛋白质，其中酪蛋白的含量最多，约占总蛋白量的83%，乳白蛋白占 13%左右，乳球蛋白和少量的脂肪球膜蛋白约占 4%左右。乳白蛋白中含有营养所必需的各种氨基酸，是一种完全蛋白。

7. 酶。牛乳中存在各种酶，如过氧化物酶、还原酶、解脂酶、乳糖酶等。其来源有二：一是由乳腺所分泌，二是由落入乳中的微生物繁殖时产生。

8. 维生素。牛乳中含有人体营养所必需的各种维生素，分述如下：

（1）维生素 A。牛乳中维生素 A 的含量随饲料中的胡萝卜素含量而变化，如乳牛多食含有胡萝卜素的饲料，则分泌的牛乳中维生素 A 含量较高些，反之，则含量低些。一般每公升牛乳中含 0.4~4.5 毫克维生素 A。

（2）维生素 D。维生素 D 与固醇有密切关系。固醇在紫外线照射的作用下，可以转变成维生素 D，其含量可达每公升 0.1 ~2.5 毫克。

（3）维生素 E（生育醇）。乳牛若多食新鲜的青饲料则乳汁中维生素 E 的含量也高。每公升牛乳中维生素 E 的含量为 2~3 毫克。

（4）维生素 B_1。牛乳中维生素 B_1 的平均含量为 0.3 毫克/公升。牛乳中维生素 B_1 不单从饲料中进入，还可由自身留胃中的细菌合成。因此，在乳酸制品中由于细菌的合成，含量可以增加 30%。

（5）维生素 B_2。牛乳中维生素 B_2 的含量约为 1~2 毫克/公升。

（6）维生素 C。牛乳中维生素 C 的含量约为 1~4 毫克/公升。

牛乳中的水溶性维生素，除上述三种外，还有维生素 B_1，B_{12}，PP 等。

9. 无机盐。牛乳中主要的无机盐有磷、钙、镁、氯、钠、铁、硫、钾等。此外，还含有碘、铜、锰、硅、铝、溴、锌、氟、钴、铅等微量元素。通常，牛乳中的无机盐含量为 0.7%左右。

牛乳中的无机盐大部分与有机酸结合，而以可溶性盐类形式存在。其中，最主要的以无机磷酸盐及有机柠檬酸盐的状态存在。钙、镁、磷除了一部分呈游离状态外，一部分则以悬浊状分散在乳中，此外，还有一部分与蛋白质结合。

（三）乳制品

以牛乳为原料，通过多种加工方法，可制成奶油、奶粉和炼乳等。

1. 奶油。奶油是由牛乳脂肪中加工提炼出来的。乳中脂肪几乎全部都分散为小的脂肪球。经使用乳油分离器等机械，从牛乳中分离出稀奶油进行专门加工处理，即成奶油。

在欧洲、美洲等地区，奶油是一种食用较多的食品原料。奶油营养丰富，富含脂肪，食用方法多样，可涂在面包等食物上佐餐，也可与其他原料一起冲兑饮料，还可用其制作奶油蛋糕、冰淇淋等。

2. 奶粉。奶粉是将鲜牛奶加热，使内部水分蒸发后制成的干粉，称为“全脂奶粉”，简称奶粉，是婴幼儿的良好食品，营养丰富，便于消化吸收。奶粉可按比例冲调成乳汁，其营养成分接近于鲜牛乳。

3. 炼乳。炼乳是将牛奶加热浓缩提纯制成的。营养丰富，是消毒后在真空蒸发器中浓缩、装罐、杀菌而成。加糖的叫甜炼乳，不加糖的叫淡炼乳。炼乳罐头便于保藏运输，可作饮料及复制食品之用。

4. 奶糕。奶糕亦称乳儿糕，有多种。是在米粉中加一定量的豆粉、奶粉、糖、钙和维生素等，经调制、成形、蒸熟、烘干而制成。营养丰富，适合小儿生长发育需要。

5. 酥油。酥油是将牛乳入锅煮沸，待冷后将面上结的皮取出再煎，煎出的油（渣不用）再放锅内烧炼即成酥油。酥油是蒙藏族人民的一种食用油，常与茶、糌粑等合用。

6. 奶酪。用牛乳制成（也可用羊乳）。将牛乳入锅中烧煮，倒入盆中冷却，捞出浮面油皮，将油皮放入旧奶酪拌和，放入容器中，用纸封口放一定时候即成。

二、蛋和蛋制品

蛋是雌禽所排的卵，有鸡蛋、鸭蛋、鹅蛋等。新鲜蛋加工成食品，即为蛋制品。包括咸蛋、冰蛋、变蛋及蛋粉等。蛋类食品是高蛋白质、高维生素、高无机盐的营养佳品，为日常生活中重要的副食品来源。

（一）蛋的结构

蛋由蛋壳、蛋白和蛋黄三部分构成。蛋壳约占蛋重量的11%，蛋白约占58%，蛋黄约占31%。

1. 蛋壳的结构。蛋壳主要由外蛋壳膜、石灰质蛋壳、内蛋壳膜和蛋白膜所构成。

外蛋壳膜覆在蛋壳的表面，是一种透明的水溶性粘蛋白。外蛋薄膜有防止生物通过蛋壳气孔侵入蛋内和蛋内水分及二氧化碳蒸发的功用。摩擦、潮湿和遇水均可使其脱落，失去保护作用。

石灰质蛋壳主要由碳酸钙所组成，厚度为0.2~0.4毫米。蛋壳表面常常有不同的光泽，从白色到深浅不等的黄色和褐色，这与家禽的品种有关。一般地说，色泽愈深蛋壳愈厚。蛋壳上具有许多微小的气孔，最多的部分在大头。这些气孔是造成蛋类腐坏的主要因素之一，但为蛋品加工和家禽孵化所必须。

蛋壳内部有两层薄膜，紧附于蛋壳的一层叫内蛋壳膜，附着于内蛋壳膜里面的一层叫蛋白膜。这两层薄膜是白色的具有弹性的网状膜，它们对于微生物均有阻止通过的作用。大多数的微生物可以直接通过内蛋壳膜，而不能通过蛋白膜，只有在蛋白膜被蛋白酶破坏后，才能进入蛋内，在刚生下的蛋里，这两层薄膜是紧密地附着在一起的。蛋的内容物占有蛋壳内整个容积。蛋产后不久，蛋的内容物由于冷却而收缩，此时蛋白膜在蛋的大头开始与内蛋壳膜分开，因而在两层膜间暂时形成气室。在保管时，气室的容积随着蛋内水分的蒸发而逐渐增大，新鲜蛋的气室很小，所以蛋的新陈可以由气室的大小来鉴别。

2. 蛋白的结构。蛋中的蛋白是一种典型的胶体物质，稀稠不一，愈近蛋黄愈浓稠，愈向外则愈稀薄，分为稀蛋白层和浓稠蛋白层。蛋白中浓稠蛋白的含量对蛋的质量和耐储性有很大关系。含量高的质量好、耐储藏。新鲜的蛋浓稠蛋白较多，陈蛋稀薄蛋白较多。蛋白浓稠与否，是衡量蛋品质量的重要标志之一。

3. 蛋黄的结构。蛋黄是一个球形，通常位于蛋的中央。蛋黄由系带、蛋黄膜、胚胎及黄内容物所构成。系带是浓稠蛋白构成的，状如粗棉线，粘连在蛋黄的两端，其作用为固定蛋黄的位置，具有弹性。系带可随着保管期的延长变细，其弹性同时变弱及逐渐消失。

蛋黄的外面覆有一层黄膜。它的作用是防止蛋黄内容物和蛋白相混。新鲜蛋的蛋黄膜具有弹性，随着时间的延长，这种弹性逐渐消失，最后形成散黄。因此，蛋黄膜弹性的变化与蛋的质量有密切的关系。

胚胎位于蛋黄膜的表面，通常为圆形或非正圆形的小白点。它的比重比蛋黄小，所以，胚胎总是位于蛋黄上部，胚胎专为受精孵化之用。因而受精蛋的胚胎，在适宜温度下会迅速发育，可使蛋的储藏性能降低。

蛋黄内容物是一种黄色的不透明的乳状液，是由淡黄色和深黄色的蛋黄层所构成。内蛋黄层和外蛋黄层颜色都比较浅，只有二者之间的蛋黄层颜色比较深。

（二）蛋的化学成分

蛋类含有丰富的营养成分，如蛋白质、脂肪、无机盐和维生素。蛋白和蛋黄在成分上有显著的不同，蛋黄内营养成分的含量和种类比蛋白多，所以蛋黄的营养价值高。

1. 蛋白质。蛋中含有多种蛋白质，最主要的是蛋白中的卵白蛋白和蛋黄中的卵黄磷蛋白。蛋类蛋白中富有必需氨基酸，是完全蛋白质，利用率为98%。

2. 脂肪。蛋中的脂肪绝大部分集中在蛋黄内，含有多量的磷脂，其中约有一半是卵磷脂。这些成分对人体的脑及神经组织的发育有重大作用。蛋黄的脂肪主要由不饱和脂肪酸所构成，故在常温下为液体，易于消化吸收，消化率为95%。

3. 无机盐。蛋类中的无机盐主要含于蛋黄内，铁、磷、钙的含量甚高，也易被人体吸收利用。

4. 维生素。蛋黄中有丰富的维生素 A、D、E、核黄素、硫胺素等，绝大部分在蛋黄内。蛋白中的维生素以核黄素和烟酸较多，其他较少。

5. 糖类。蛋中糖的含量很少，一般含量2%~4%。其中鸭蛋可达10%以上。

6. 水分。蛋类中的含水量可达70%，但分布不均匀，蛋白的含水量较高，可占整个蛋白的88%以上，在蛋黄中则占53%左右。

（三）鲜蛋的种类

1. 鸡蛋。鸡蛋是雌鸡的卵，呈椭圆形，一般呈浅白色和棕红色。表面有似白色的霜，每只重量约50克。鸡蛋是蛋类中营养价值较高的一种，一般含有蛋白质15%、脂肪12%、糖1.6%、无机盐总量1.1%。维生素也比其他蛋高，尤其维生素 A 可达1440国际单位，多存于蛋黄中。

2. 鸭蛋。鸭蛋是雌鸭排出的卵，亦呈椭圆形，个体较大，一般每只重量可达70~90克，表面较光滑，有白色和青灰色两种。其蛋白质、脂肪分别为8.7%、9.8%左右，低于鸡蛋，但含糖量较高，可达10%左右，无机盐、维生素 A 也高于鸡蛋。鸭蛋适宜加工咸蛋、变蛋等制品。

3. 鹅蛋。鹅蛋是雌鹅排出的卵，亦呈椭圆形，个体很大，一般每只蛋重量可达80克左右。表面较光滑，呈白色，其蛋白质约占12.3%，脂肪和糖较其他蛋为高，分别为14%、3.7%，无机盐在1%左右。维生素较其他蛋为少。

4. 鸽蛋。鸽蛋是雌性鸽排出的卵，呈椭圆形，个体小，一般每只重15克左右。通常为白色，壳薄易碎，含水量很高，达80%以上；含蛋白质9.5%、脂肪6.4%、糖1.7%，营养价值较高，是珍贵的烹饪原料，可作花式菜肴。

5. 鹌鹑蛋。鹌鹑蛋是人工驯养的雌性鹌鹑排出的卵，接近圆形，个体很小，一般每只3~4克，表面有棕褐色斑点，壳薄易碎。鹌鹑蛋含水量73%左右，蛋白质、脂肪含量均较高。鹌鹑蛋在烹饪中使用较广，亦是一种营养价值较高的蛋类品种。

（四）蛋制品

鲜蛋经过去壳或不去壳，使用化学防腐剂干燥，冰冻等方法加工制成的制品统称为蛋制品，蛋制品的种类根据加工方法不同，一般可分为下列三类：

1. 再制蛋类。包括松花蛋、咸蛋、糟蛋等。

（1）松花蛋。又名皮蛋、彩蛋、变蛋。它不但具有美丽的花纹，还具有醇厚的特殊清香，是一种非常可口的下酒菜。目前市场上的松花蛋，大致有两种制法：一种是生包法，一种是浸泡法。两种方法所用原料的配方大致相同。

（2）咸蛋。又称腌蛋。用鸭蛋或鸡蛋腌制而成，以鸭蛋腌出的为好，因为鸭蛋的脂肪含量比鸡蛋高。江苏高邮的咸蛋口味最佳，最为著名。

咸蛋的加工方法很多，有抓泥法、包泥法、盐水浸渍法等。高邮咸蛋的加工方法（以1000个鸭蛋为例）为：用黄泥6.25千克、盐5千克、水5千克调成泥糊，将经过检验与洗涤的鸭蛋放入泥糊中浸蘸后取出，放入坛中或缸中装满，将剩余的泥糊倒在蛋的上面，淹过蛋面后加盖，经过30~40天即腌制成功。腌制时间随气温的高低而定，温度高、时间短；温度低，时间长。

质量好的咸蛋，蛋白为纯白色，无斑点、质嫩，蛋黄为红黄色、油多，全蛋滋味咸淡适中，无异味。

（3）糟蛋。用酒糟、食盐、醋等腌渍而成。浙江平湖生产的糟蛋较为有名，四川也有出产。

糟蛋的加工方法是：先将蛋洗净擦干，敲裂外壳，但蛋内的内蛋壳膜和蛋白膜不能破，再将敲好的蛋装在缸内，大头向下，小头向上，然后放入酒糟、食盐、醋。一层蛋，一层糟、醋、食盐，最上面一层用食盐盖面，最后封缸，经过 4 个月即可成熟，6 个月后香味更好。

2. 冰蛋类。有冰全蛋、冰蛋白及冰蛋黄三种。冰蛋是把蛋的内容物混合均匀后，再经冻结而成的蛋制品。由于蛋的水分多，且有微生物存在，所以是特别容易腐败的食品，必须在 -10℃ ~ -8℃的冷藏库中保藏。冰蛋中可加入少量的糖或盐作防腐剂。冰蛋在烹调过程中必须用高温彻底加热。

3. 干蛋类。干蛋是将质量良好的蛋打破去壳，取其内容物烘干或用喷雾干燥法制成。可分为干全蛋、干蛋白及干蛋黄三种。

干全蛋及干蛋黄是将蛋液加高压喷射成雾状，由热空气（60℃ ~ 80℃）使水分蒸发干燥而成的粉末状蛋粉。此过程不仅使蛋类大部分微生物被杀死，同时能保全食用价值。质量正常的蛋粉，当再吸收水分后就能基本恢复蛋的原来性质。在脱水干燥时蛋粉中的微生物不能完全被杀死，因此在使用干蛋粉做菜时，为不使残余的微生物繁殖发育，加热处理之前，不应把蛋粉和水的混合物放置时间过长。烹调这种食品要彻底加热，并且不宜用蛋粉制作过厚的不易熟透的饼。

干蛋白是将经过搅拌过滤的蛋白液用勺浇入烘盘内，利用适当温度（53℃ ~ 55℃）烘干，使蛋白液中水分逐渐蒸发而结成淡黄色透明光亮的薄晶片。这种干蛋白易于储存，使用时加水溶解仍为蛋白液。

第六节　肉、乳、蛋品的品质检验与保管

一、肉品质量变化的原因

肉品作为动物体的机体组织，因其不同的品种及生长环境、饲养条件、生长期的差异，均有特定的质量标准。但在生产加工、运输、存放、销售过程中都可能引起质量的变化，改变其原有的质量标准。这种变化主要来自两个方面：一是肉中蛋白质受组织的作用而发生分解，使肉产生酸臭性发酵，放出硫化氢等挥发性化合物；二是在温度高，湿度增大及卫生条件恶劣的情况下，微生物侵入肉中迅速繁殖，分泌蛋白质分解酶使蛋白质分解，引起肉内各种变化，最终腐败变质。

二、肉品的品质检验

（一）家畜肉的品质检验

家畜肉的品质好坏，主要是以肉的新鲜度来确定的，其新鲜度可分为新鲜肉、不新鲜肉和腐败肉三种。常用感官检验的方法来鉴定。

家畜肉的感官检验主要是以外观、硬度、气味、脂肪和骨髓的状况来确定肉的新鲜程度，现分述如下：

1. 外观。新鲜肉表面有一层微干爽表皮，色泽光润，肉的断面呈淡红色，稍湿润，但不粘，肉液体透明。不新鲜肉表面覆盖有一层风干的暗灰色的表皮，或者表面潮湿，肉液混浊，并有粘液，肉色较暗，有时还有发霉现象。腐败肉表面有的干燥，并

已变成黑色或者很潮湿，带淡绿色，也很粘，有发霉现象，切断面呈暗灰色，新切面很粘，呈绿色。

2. 硬度。新鲜肉的刀断面肉质紧密，富有弹性，用手按捺后能迅速恢复原状。不新鲜肉的刀断面肉质比新鲜肉柔软，弹性小，用手按捺后不能立即恢复原状，并且往往不能全部复原。腐败肉松软而无弹性，用手按捺后不能复原，在肉腐败分解严重时能用手指将肉刺穿。

3. 气味。新鲜肉具有每种家畜肉的特有气味，宰杀不久的家畜内脏，冷却后稍带腥味。不新鲜的肉具有酸气或霉臭气，有时在肉的表层有腐败味，肉的深层即使尚未腐败，也能闻到浓厚的腐败臭气。

4. 脂肪的状况。新鲜肉的脂肪分布均匀，没有酸败气味和苦味，并保持原有色泽。新鲜猪肉的脂肪呈白色、黄色或淡黄色、坚实，但用手用力捺能将其捻碎。新鲜羊肉的脂肪呈白色，组织紧密。不新鲜肉的脂肪呈灰色，无光泽，容易粘手，有时还会有发霉现象，并具有轻微的油脂酸败味，腐败肉的脂肪表面污秽并有粘液和霉菌，有强烈的油脂酸败味。当肉的分解强化时，脂肪很软，呈淡绿色。

5. 骨髓的状况。新鲜肉的骨腔内充满骨髓，呈长条状，稍有弹性、硬、色黄，在骨头折断处可以看到骨髓的光泽。不新鲜肉的骨髓同骨腔有小的空隙，比较软，颜色较暗，呈灰色或白色，在骨头折断处无色泽。腐败肉的骨髓同骨腔有较大的空隙，骨髓变形，软烂，有的被细菌破坏，有粘液，色暗淡，并有腐臭味。

以上是未经冷冻的畜肉质量检验方法。冷冻的畜肉质量检验的方法与新鲜肉基本相同。一般品质较好的冷冻猪肉是：具有光泽和鲜明的颜色，瘦肉剖面是淡玫瑰色，纤维清晰，肉质有硬度，敲击能发出较响的声音，骨骼关节呈白色，骨髓有石灰般光泽，无异味，脂肪白净，骨髓与未冷冻骨髓大致相同，整个肉组织气味正常。

（二）家畜内脏的品质检验

1. 肝。新鲜的肝呈褐色或紫红色，有光泽。不新鲜的肝颜色暗淡或发黑，无光泽，表面萎缩有皱纹、发软，并有腐败气味。

2. 腰子。新鲜的腰子呈浅红色，表面有一层薄膜，有光泽，柔润，且有弹性。不新鲜的腰子带有粘液，外表颜色发黑，发绿，并有异味，组织松软。

3. 心。新鲜的心，用手挤压有鲜红的血块排出，组织坚韧，富有弹性。外表有光泽，并有血腥味。不新鲜的心则无这些现象。

4. 肠。新鲜的肠，色泽发白，粘液多。不新鲜的肠，色泽有青有白，粘液少，腐臭味重。

5. 肚子。新鲜的肚子有弹性，有光泽，颜色一面浅黄色，一面白色，粘液多，质地韧而紧实。不新鲜的肚子白中带青，无弹性和光泽，粘液少，肉质烂软。

（三）畜肉制品的品质检验

畜肉制品的种类很多，这里只介绍火腿、香肠、肉松的品质鉴定：

1. 火腿。火腿品质鉴定一般是以外表、色泽、腿形和气味等方面来观察判别的。

（1）外表。品质较好的火腿外表呈黄褐色或红棕色，用指压肉感到坚硬，表面干燥。皮面边缘呈灰色。如果表面附有一层粘滑物或在肉面有结晶盐粒析出，则表明火腿太咸。

（2）式样。以脚细直、腿心长，骨不露，油头小，刀工光净，状似竹叶形，硬板者为好。

（3）气味。品质好的火腿气味清香无异味。如有炒芝麻香味，是肉层开始轻度酸败的迹象。如有酸味，表明肉质已重度酸败。如有豆瓣酱似的气味，则表明腌制的盐分不足。如有臭味，表明火腿已严重变质。带有哈喇味，表明火腿因肥膘氧化而腐败变质，不能食用。

2. 香肠。新鲜质好的香肠，肠衣干燥不发霉，无粘液，肠衣和肉馅紧密相连在一起。表面紧实而有弹性，切面结实，色泽均匀。周围和中心一致，脂肪白色，无灰色斑点，瘦肉色红，具有芳香味，瘦肉与肥肉的比例恰当。

质差或已变质的香肠，表面发粘，发霉，呈灰绿色，肠衣的韧性减弱，没有弹性，切面周围有浅灰色轮环，脂肪污秽，肠衣与肉馅分离，有腐败或油脂酸败味。

3. 肉松。肉松以质地蓬松柔软，有弹性，色泽鲜艳，肉质鲜嫩，香味纯正、浓厚，无肉筋和碎骨，食后无渣滓的为佳品；反之，则次之。

（四）家禽的选择鉴别和品质检验

家禽品种很多，其成年期各不相同，在不同的生长期中，其肉的质量有较大的差别；而这些差别往往可以通过家禽外部形态及组织状况来反映，以此进行家禽的选择鉴别。根据家禽不同生长期的品质，运用不同的烹调方法制作菜肴具有重要的作用。

鸡、鸭、鹅虽然种类不同，但它们的生长期与本身的质量、特征基本相同。下面以鸡为例，介绍不同生长期品质的选择鉴别标准：

1. 仔鸡。仔鸡也称嫩鸡，指尚未到成年期的鸡。未发育完全，羽毛未丰，体重一般在 0.5~0.7 千克，胸骨软，肉嫩，脂肪少，适宜炒、爆、炸。

2. 当年鸡。亦称新鸡，已到成年期，但生长时间未满一年。其羽毛紧密，胸骨较软，嘴尖发软，后爪趾平，鸡冠和耳垂为红色，羽毛管软，体重一般已达到各品种的最大重量，肥度适当，肉质嫩，适宜炒、爆或烧、炸、煮等。

3. 隔年鸡。指生长期在 12 个月以上的鸡，羽毛丰满，胸骨和嘴尖稍硬，后爪趾尖，鸡冠和耳垂发白，羽毛管发硬，肉质渐老，体内脂肪逐渐增加，适合烧、焖、炖等烹调方法。

4. 老鸡。指生长期在 2 年以上的鸡。羽毛一般较疏，皮发红，胸骨硬，爪皮粗糙，鳞片状明显，趾较长，成钩形，羽毛管硬，肉质老，但浸出物多，适宜制汤或炖焖。

除上述鉴别标准之外，还有以下几方面鉴别质量的标准：

好鸡与病鸡的鉴别。好鸡应羽毛丰润，两眼有神，皮肉白净，脚步矫健，腿短而细，脯肉圆厚；反之，则为病鸡。

光鸡的鉴别。光鸡即宰杀后的鸡，皮肉净白脯肉丰满，眼球突出有光，皮质柔嫩，肉质有弹性则为好鸡；反之则差。

对家禽肉的品质检验，主要是对屠宰后的家禽胴体在保管中发生质量变化的检验，即新鲜度的检验。在饮食行业，对家禽新鲜度的检验，一般根据家禽肉体外部特征的变化，以感官检验方法从家禽的嘴部、眼部、皮肤组织、脂肪状况及制成的汤等方面来进行判别品质的好坏。

1. 嘴部。新鲜的家禽，嘴部有光泽，干燥有弹性，无异味。不新鲜的家禽，嘴部无光泽，部分失去弹性，稍有腐败性。腐败的家禽，嘴部暗淡，角质部软化，口角有粘液，有腐败气味。

2. 眼部。新鲜家禽的眼部，眼珠充满整个眼窝，角膜有光泽。如眼球部分下陷，角膜无光为不太新鲜。而腐败的家禽，其眼球下陷，有粘液，角膜暗淡。

3. 皮肤。皮肤呈淡白色，表面干燥，具有该家禽特有的气味为新鲜的家禽。不新鲜的家禽皮肤淡灰色或淡黄色，表面发潮，有轻度腐败味。腐败的家禽，皮肤灰黄，有的地方带淡绿色，表面湿润有霉味或腐败味。

4. 脂肪。新鲜家禽的脂肪色白，稍带淡黄色，有光泽，无异味；不新鲜的家禽脂肪色泽变化不太明显，但稍带有异味。腐败变质的家禽的脂肪呈淡灰色或淡绿色，有酸臭味。

5. 肌肉。新鲜家禽的肌肉、结实而有弹性。鸡的肌肉为玫瑰色，有光泽，胸肌为白色或带淡玫瑰色。鸭鹅的肌肉为红色，幼禽肉有光亮的玫瑰色，稍湿不粘，有特殊的香味。不新鲜家禽的肌肉弹性变小，用手指压时，留有明显的指痕，带酸味及腐败味。腐败的家禽，肌肉为暗红色，暗绿色或灰色，有重腐败味。

6. 制成的肉汤。新鲜家禽的肉汤透明，芳香，表面有大的脂肪油滴。不大新鲜的肉汤不太透明，脂肪滴小，有特殊气味。腐败的肉汤浑浊，有腐败气味几乎无脂肪滴。

（五）蛋品的品质检验

新鲜的蛋，蛋壳比较毛糙，壳上附有一层粉状的微粒，蛋壳没有裂纹，色泽新明清洁，摇晃无声音。

鲜蛋在储存、保管过程中，由于受到温度、湿度和其他外部条件的影响，会发生不同程度的质变，甚至失去食用价值。常见的鲜蛋变质有下列几种类型：

1. 陈蛋。保存时间较长，蛋壳表面光滑，颜色发暗，透视时可以看出气室稍大，蛋黄暗影小，摇动有声音。这种蛋尚未变质，可以食用。

2. 裂纹蛋。大都是在储存、保管、包装、运输过程中受到震动或挤压造成的。裂纹时间不长的，可以食用。

3. 散黄蛋。蛋黄膜破坏，蛋黄、蛋白混在一起，如果蛋液仍较厚，没有异味，一般可以食用。

4. 贴皮蛋。由于保存时间过长而蛋白稀释，蛋黄膜韧力变弱，蛋黄紧贴蛋壳，贴皮处局部呈红色的一般可以食用。蛋黄紧贴蛋壳不动，贴皮处呈深黑色，并有异味的，即已腐败，不能食用。

5. 热伤蛋。没有受精的鲜蛋，由于在孵化或贮运过程中受热后，胚胎膨胀的叫热伤蛋。这种蛋由于胚胎扩大气室较大，使蛋内的蛋白变稀，胚胎周围逐渐产生明显的小黑点或黑丝、黑斑，蛋黄不散或未产生黑点和黑丝的一般可食用。

6. 血筋蛋。受精的鲜蛋由于在孵化或贮运中受热而使其胚胎胀大，产生血圈的叫血筋蛋。这种蛋由于胚胎发育，会使蛋内的蛋白质、脂肪、糖和维生素等营养成分逐渐减少，蛋白稀薄，除去蛋黄周围的血筋仍可食用。

7. 霉蛋。鲜蛋受潮，蛋壳表层的保护膜受到破坏，细菌侵入蛋内，引起发霉变质，蛋的周围形成黑的斑点。发霉严重的，不能食用。

8. 臭蛋。蛋壳表层的保护膜受到破坏，细菌侵入蛋内，引起发霉变质、腐败，打开后臭气很大，蛋白、蛋清浑浊不清，颜色黑暗，蛋液稀释，不能食用。

三、肉品的保管

（一）家畜肉的保管

家畜宰杀后，就要进入保管过程。在这一过程中，引起畜肉腐败的主要原因，是各种微生物的侵害。故保管肉类的主要方法，在于控制有害微生物的活动和繁殖。

低温保藏是保管肉类的最好方法。因为低温能冻结肉中的水分，控制微生物的繁殖生长，甚至使其死亡。但是，应当注意，低温只能延缓微生物的繁殖，杀死部分耐寒性较差的细菌，不能彻底杀灭各种微生物。对耐寒力强的微生物，只能延长其潜伏期，一旦超出潜伏期，还会继续活动。在-6℃时，可使微生物的潜伏期延长到90天左右。因此，只有在-2℃以下，才能使肉在较长时间内不受微生物的侵害。

1. 新鲜猪肉的保管。夏季购进的新鲜猪肉，首先要用冷水冲洗，把皮上的粘液去掉，然后吊挂在木杆上通风散热（时间不宜过长，以2~3小时为宜）。猪肉吹干后，即可装进冰箱或冰库，但要注意不可直接接触冷水，否则会把猪肉泡白，影响肉质。如冷冻条件不具备，或冷冻机、冰箱失效，要及时取出，改用其他方法。或用盐腌制，或高温煮熟。冬季购进后，保管时只要刷洗去污，用湿布盖上，以防止风吹而使肌肉干硬即可。

2. 冻猪肉的保管。夏秋季购入冻肉后，要及时放入冰箱或冰库（冰箱或冰库内温度一般要求在0℃以下），以防融化及风吹发干，影响肉质。使用时一般应让其自然融化。冬季购入的冻猪肉，也应放入冰箱或冰库，如需使用，可放在冷水中浸泡，待化解后再分档，切配使用。但浸泡时间不宜过长，泡到能分档切配时即可，直接对冻猪肉分档，操作不便，并且降低猪肉的利用率。

3. 牛肉的保管。牛肉变质是从表面发生，再向内部扩展，所以容易发现处理。夏天购进后，应立即放入冷库冷藏。如2~3天内不使用，第二天还须盖布，使牛肉不沾水。牛肉冷藏时间不宜过长，且冷藏温度须保持0℃以下。

4. 羊肉的保管。与牛肉基本相同，但羊肉比牛肉更难保管，因为羊肉是从内部先变质，再向外扩展，不易察觉。羊肉在冷藏之前，必须把外表水分晾干，才不致变质。

（二）家禽肉的保管

宰杀后的成批家禽一般应置于-30℃~-20℃，相对湿度85%~90%的条件下冷冻24~48小时，然后在-20℃~-15℃，相对湿度 90%的环境下冷藏比较适宜。一些资料表明：在-4℃时，禽肉可保存 35 天，在-12℃时可保存 200 天左右，在-14℃时可保存一年以上。

饮食店宰杀的家禽一般数量不多，通常放在冰箱或冰库里在-4℃的低温中保藏，但应在禽体冷却后，去尽内脏再冷藏，并需把禽肉放在架子上或挂起来，不可层层叠叠，存放时间也不宜太长，否则易变质。如果是采购回来的冻禽，应立即冷藏。一般冻禽在解冻后烹调易软烂，这是因为冰冻过程中，肌肉细胞受到损伤所致。因此，解冻后的家禽肉，应立即使用，否则更容易变质，也不能再入冷库保藏，不然质量下降，营养损失更严重，风味更差。

（三）蛋品的保管

引起蛋类腐败变质的是温度、湿度和蛋壳上气孔及蛋内的酶，所以保管蛋品时，必须设法闭塞蛋壳上的气孔，防止微生物的浸入，并保持适宜的温湿度，以抑制蛋内酶的作用。鲜蛋既怕高温、又怕低温。高温可加速微生物的生长繁殖，低温会冻坏鲜蛋。

保管鲜蛋，一般采取冷藏（不低于 0℃措施）。冷藏的蛋，要新鲜清洁，破损的蛋不宜放入。鲜蛋存放在避光、通风的地方，在冬季可存放 3～5 个月。在严寒地区和冬季，可用谷糠、麦秆散放在蛋与蛋之间，放在干燥的木箱中，可防止蛋冻坏。此外，蛋用石灰水浸泡后也可储存。这是利用蛋内呼出的二氧化碳和石灰水的作用，生成不溶性碳酸钙，凝结在蛋壳表面，闭塞蛋壳上的气孔，阻止微生物的侵入。这种方法在没有冷藏设备的情况下，可使蛋保存一个时期不变质。

思考题

1. 畜禽肉由哪些组织构成？它们与肉的质量有何关系？

2. 畜禽肉在烹饪中有什么特点？

3. 猪肉有哪些基本特点？我国有哪些著名猪种？

4. 牛肉可分哪几种？它们各有什么特点？

5. 我国著名的鸡、鸭、鹅品种有哪些？它们各有什么特点？

6. 我国畜禽肉的加工制品可分哪几类？每类有哪些著名的品种？有何特点？

7. 再制类蛋品主要有哪些品种，它们的产地和特点是什么？

8. 怎样鉴别畜禽肉的品质？

9. 不同生长期的鸡品质鉴别有哪些标准？怎样鉴别光禽的新鲜度。

10. 怎样保管畜禽肉品及蛋品？

第六章　水产品

第一节　概　述

水产品是指生活或生长在水中具有一定经济价值，能供食用的动植物烹饪原料。它是我国具有重要经济地位的烹饪原料之一，其分布广，品种多，产量大，味道鲜美，营养丰富，是人类的优质蛋白质食品的主要来源。

我国有着丰富的水产资源，海洋、江河湖泊水域辽阔，气候适宜，有水产品生长的优越的自然条件。随着我国经济的发展，水产的捕捞、养殖有了很大的发展，这对于改善我国人民的食物结构，提供良好的动物蛋白，提高人民的身体素质起着十分重要的作用。

一、水产品的分类

水产品种类繁多，按其性质可分为动物性水产品和植物性水产品两大类。按生长环境可分海洋性水产品和淡水性水产品。按生物学分类，动物性水产品主要有鱼类、腔肠动物、软体动物、棘皮动物、甲壳动物等。植物性水产品有的品种已在蔬菜中介绍，有的适宜干制将归类在干货原料中。根据传统习惯，动物性水产品主要以鱼类、虾蟹类、贝类等为主，这里将主要阐述动物性水产品的内容。

二、水产品的组织结构特点

（一）鱼类

鱼类是终生生活在水中，以鳍游动，用鳃呼吸的卵生脊椎动物。其组织结构主要包括外部形态和内部组织两个方面，外部形态具体为体轴、体形、器官、肌肉等。

1. 体轴。鱼类的体轴是确定鱼形的依据。鱼类的体轴，就是通过鱼体正中作三条互相垂直的直线 AA′、BB′、CC′，从头至尾的 AA′叫做主轴或头尾轴，从背部至腹部的 BB′叫做纵轴或背腹轴，从左至右将鱼体分为上、下两半部的 CC′叫横轴或左右轴。如下图所示：

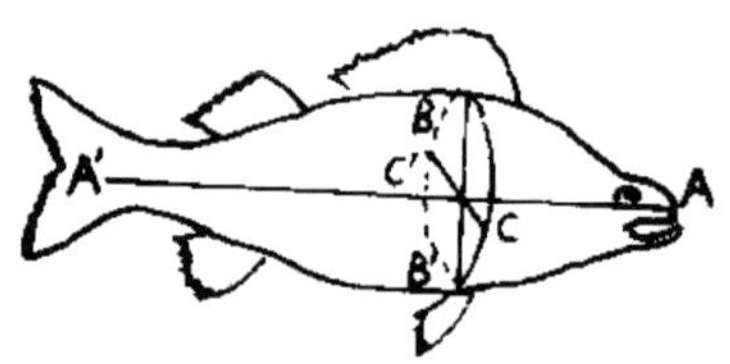

2. 体型。鱼类由于生活习惯和自然环境的不同，有的嘴尖，有的尾长，有的体圆。其体形多种多样。但归纳起来主要有以下四种体型：

（1）纺锤型（或称棱形）。形似梭子，鱼体呈流线型，体轴的长短比例是：头尾轴最长，背腹轴略长于左右轴。大多数鱼是这一类型。如草鱼、鲤鱼等。纺锤型鱼类游泳时阻力小，速度快，有利于追捕食物或逃避敌害。

（2）侧扁型。头尾轴较短些，背腹轴远比左右轴长，呈侧扁状。侧扁型的鱼一般具有较发达的背鳍和臀鳍，以保持身体平衡。如扁鱼、鲂鱼，侧扁型鱼游泳不及纺锤型鱼快。

（3）扁平型。扁平型鱼特点是头尾轴较短，左右轴长于背腹轴，常栖息于海底。

（4）圆筒型（又称蛟型）。这一类鱼头尾轴特别长，而背轴与左右轴长度相当。鱼体细长，如黄鳝、鳗鱼。此类鱼大多生活在水底，游泳缓慢。

3. 鱼器官主要有体表鳞片、鳍、鳃、触须、眼、口等。

（1）鳞。在鱼类家族中，大多数品种有鳞。所谓鳞，是鱼体表一种呈瓦片状的披覆物。一般分硬鳞、圆鳞、栉鳞三种类型。根据鳞片大小、排列位置的不同，可鉴别鱼的种类和推算年龄。

（2）鳍。俗称划水，是鱼的运动器官。根据生长部位分背鳍、鳃鳍、胸鳍、臀鳍、尾鳍。各种鱼鳍形态有较大的不同，以鳍条数目多少可鉴别鱼的种类。

（3）鳃。是鱼的呼吸器官，主要部分是鳃丝。上面密布血管呈鲜红色。大多数鱼鳃都位于头后部的两侧，外有鳃盖，鳃盖边缘具有鳃盖膜，呼吸时鳃盖启闭。鱼鼻孔无呼吸作用，有嗅觉功能。

（4）眼。鱼眼大多数没有眼睑，不能闭合，因生活习性不同，眼的大小、位置有很大的差异。鱼眼位于体轴线之上的和体轴线之下的较多，位于头部背面或腹面的主要属于海洋鱼类。

（5）触须。很多种类的鱼有触须，是一种感觉器官，生长在口旁或口周围，分为颌须和颚须。触须上面具有发达的神经和味蕾，有触觉和味觉的功能。

（6）口。是鱼类的摄食器官，与呼吸密切相关。因生活习性和品种不同，口形、口位差异较大。以头部为基础，位于头部背面的为上口位，如翘嘴白；位于头部前端的为口端位，如草鱼；位于头部腹面的为下口位，如鲮鱼。此外还有亚上位，亚下位，是指口位于前端而偏上或偏下的中间型。鱼口的大小与其食性有关，性凶猛和以浮游生物为食的鱼类大都是大口，有利于捕食各种鱼类，有利于过滤较多水量，以取食浮游生物，如鳜鱼、鲢、鳙。

4. 肌肉。鱼的肌肉是烹饪运用的主要部分，主要由横纹肌（骨骼肌）组成，有红肌与白肌之分。红肌多分布于经常运动的有关部分，如胸鳍肌和尾部肌的表层肌肉等，其特点是收缩缓慢，持久性长，耐疲劳。具有长时间运动能力而行动缓慢的鱼，红肌就发达（如鲤鱼）；白肌则相反，收缩性强，持久性差，易疲劳，较灵活的鱼类和近距离洄游鱼类，白肌多（如白鱼、黑鱼等）。

（二）虾、蟹类

虾、蟹的组织构造与其他动物的最大区别在于有坚硬如甲的石灰质外壳，用以保护身体内部的柔软组织。这外壳就是虾、蟹的骨骼，称为外骨骼，是甲壳类动物的典型特征。

外骨骼的内面，是柔软纤细的肌肉和内脏。虾的内脏少、肌肉多；蟹则相反，腹腔内容物多，肌肉少。虾、蟹的肌肉为横纹肌，肌肉色白，系水能力强。

（三）贝类

贝类主要指水产软体类动物的腹足纲和瓣鳃纲品种，一般构造为：头部、足部、躯干部、外套膜和贝壳。贝壳的数目和形状因种类不同而不同。瓣鳃贝类为双贝，呈瓣状，腹足贝类为单一螺旋形。贝壳的主要成分是碳酸钙，还含有少量的贝壳素及其他有机物和无机物等。外套膜为贝类躯干部背侧皮肤的一部分褶襞延伸而成，由内、外表皮、结缔组织及少数肌肉纤维组成。瓣鳃贝类无头部，其外套膜是主要的食用部位，外套膜肌肉构成较发达的是闭壳肌（有的可干制成“干贝”）。腹足贝类的外套膜组织很薄，但其足部和头部较发达，足部呈肉质块状，位于腹面，为主要食用部位。

三、水产品的化学成分和营养价值

鱼类的主要营养成分是蛋白质、脂肪、无机盐和维生素等，其含量丰富又极易被人体所吸收，具有很高的营养价值。

1. 蛋白质。鱼类的蛋白质主要存在鱼肉中，一般含量为15%~18%，最高可达20%以上，其质量和其他水产品的质量一样，含有人体必需的多种氨基酸，如乙氨酸、色氨酸、组氨酸、苯丙氨酸、亮氨酸、异亮氨酸、苏氨酸、蛋氨酸、胱氨酸、缬氨酸和精氨酸等11种。

2. 脂肪。鱼类的脂肪含量同鱼的年龄、季节、品种有密切的关系。一般含量为1%~3%，鲥鱼则可达11%。鱼体脂肪主要是中性脂肪，在常温下多呈液态，溶点低，易被人体消化吸收。但容易氧化引起腐败，较难保管。鱼类脂肪主要存在于肝、肠和脑中，尤其是海洋鱼类肝脏的含量较高。少数鱼的鳞片含脂肪量也很高。

3. 无机盐。鱼体中含有丰富的无机盐，一般以钾、钙、磷、碘等为多。海产鱼含碘量高于淡水鱼类，每1000克淡水鱼类鱼肉含碘50~400微克，而1000克海产鱼类鱼肉含碘量为500~1000微克。与家禽、家畜肉相比，鱼肉所含的碘和磷也高得多。

4. 维生素。鱼体内含有丰富的维生素A和D，主要存在于鱼肝内，如鲨鱼，鳕鱼肝脏重量约占体重的11%，内含丰富的维生素A、D。

此外，鱼体还含有大量的水分，含量一般为50%~80%，烹调时仅损失10%~35%，较家禽、家畜肉的失水量小。因此，鱼肉在烹调后，仍可保持它的松软状态，易于消化和吸收。

由此，从总体情况看，鱼类是高蛋白、低脂肪的动物性原料。鱼的肌肉纤维细嫩，结缔组织纤软、加之蛋白的系水力强。烹调后，肉质柔软滑嫩，消化吸收率极高，还为人体提供多种维生素和无机盐等有益于健康的物质，与畜、禽肉相比，鱼类的营养价值相对要高些。

虾、蟹类也含有丰富的蛋白质，如虾的蛋白质含量一般在16%~20%。除此之外，虾蟹类产品还含有多种无机盐、维生素和脂肪，尤其是钙、磷、铁、碘的含量，是很多原料比不上的，且吸收率较高。吃虾能提高血液 ATP 的浓度，增进胸导管淋巴液的流量。中医认为，虾能补肾壮阳，通乳，开胃化痰；蟹能清热散血，养精益气。

贝类动物大多水分含量高，干物质中以蛋白质最多，并含有丰富的钙、铁等无机盐。牡蛎中还含有微量元素锌，对儿童智力的发展有重要作用。

四、水产品在烹饪中的运用

鱼类的烹饪运用相当普遍，菜品极多，适合于各种烹调方法。所有的鱼均适于红烧，新鲜的、脂肪含量高的鱼，以清蒸、汆汤、炒为多见。肉厚刺少的鱼，可取鱼肉切丝、片。尤其肉色白、蛋白质含量高的鱼，可取鱼肉斩成茸，制作花色成型菜肴等。鱼类除鱼肉供食用外，不少鱼的鳍、肝、鳔、皮、唇、软骨等也可作烹饪原料应用，有的并属珍贵的干制品原料。

虾、蟹肉味鲜，质细嫩，多为烹饪中较名贵的原料。虾的种类多，产量大，供应时间长，应用广泛，适合多种烹调方法。既可整只烹制，也可取肉单独烹调成菜或与其他原料相配成菜，因肉系水力较强，亦可斩茸制作成型菜。蟹在烹饪中，整蒸、煮是食用的基本方法，也可用酒等调料醉制，风味别致。拆肉以后，蟹黄、蟹肉可分用，也可合用，不仅在菜肴中用，也可用于点心的馅心。蟹肉与其他原料相配主要以动物性原料为主。虾、蟹的外壳加热后颜色红艳，能形成菜肴强烈的色感。

贝类原料水分多，中胚层的结缔组织多而质脆嫩。在烹调加热中，失水很多，易老，失去鲜嫩，多数以快速加热为主，如爆、汆、炝、炒等方法，调味以清为主，以突出其自身特具的鲜味。但贝类均属寒性食物，成菜应配以葱、姜、胡椒粉等调味品，食用贝类以鲜活者为好。

第二节 常用的水产品种

水产品种极多，但由于受到捕捞条件和养殖技术的限制，有相当多的品种仍未广泛利用，有的品种则因经济价值不高，没有进入市场。现就目前供食用的水产品主要品种做些介绍。

一、鱼类

鱼类的家族庞大，约有 2500 多种，根据其生活习性和栖息环境不同，概括起来可分为海产鱼类和淡水鱼类两大类。

（一）海产鱼类品种

海产鱼类指生活在海水中的各种鱼类。海产鱼品种极其丰富，约有 1700 种之多，分布在世界各大海洋中，并具有洄游的习性。洄游是鱼在一定时间内向一定方向集体迁移的一种现象，可分生长洄游和生殖洄游。由于鱼的洄游形成了鱼的捕捞汛期，所以，海产鱼类一般具有较强的季节性。

1. 小黄鱼。俗称小鲜，又名黄花鱼、花鱼、小黄瓜，为我国重要经济鱼类之一。其主要产区为浙江以北沿海区域，各产区的捕捞期不同。浙江沿海约在 3 月中旬~4 月下旬及 9~10 月，吕泗鱼场约在 4 月中旬~6 月下旬及 9~10 月，黄海、渤海则约在 5 月中旬~6 月上旬。

小黄鱼头较大，鳞也大，色泽与大黄鱼相同，属底层群居洄游鱼类。具有生长快，成熟早，繁殖率高的特点，体长一般为 16~25 厘米，肉质鲜嫩，呈蒜瓣状，刺少，肉多，肉易离刺，烹制适用于烧、熘、干炸等方法。

2. 大黄鱼。俗称大鲜，又名大王鱼、宁波黄鱼等。主要产区为东海和南海，北起长江口，南至雷州半岛湛江外海，以广东南澳岛和浙江的舟山群岛产量为最多。大黄鱼的汛期在广东沿海以 10 月为旺季，福建以 12 月至来年 3 月为旺季，浙江沿海以 5 月最盛，6 月之后，大黄鱼产卵完毕，散游于沿海群岛至天气渐寒时，再集群向外海洄游，形成浙江外海鱼汛，俗称“桂花黄鱼”。

大黄鱼和小黄鱼形态相似。除大小不同外，两者的区别是：大黄鱼体大而鳞片小，嘴大而圆肉结实，刺少；小黄鱼的鳞片大，嘴尖，刺多。

大黄鱼的烹调方法同小黄鱼。

3. 带鱼。又名白带鱼、裙带鱼、鳞刀鱼。带鱼是我国重要经济鱼类之一，主要产区为山东、浙江、河北、福建和广东沿海。其中以青岛、烟台产量最大，山海关产的质量最好。一般每年 9 月至来年 3 月为旺季汛期。海州湾约在 5~6 月及 7~11 月为汛期。

带鱼体细长而侧扁，呈带形，体表呈光亮的银灰色，无鳞片，头窄长，口大，牙尖，眼大位高，体长一般 60~120 厘米，其中东海带鱼体型偏小。带鱼属肉食性鱼类，贪食性强，游动迅速，常伤害其他鱼类，别名“净海龙”。平时栖息于澄清海水的中下层，浑浊海水处很少有带鱼。带鱼适宜做红烧、干炸、烹、煎、清蒸等菜肴。

4. 鲥鱼。又称快鱼、响鱼、鲙鱼、白鳞鱼、鳌鱼等。我国沿海北起渤海，南至广东均出产。主要产地为渤海，秦皇岛的产量既多质量又好。广东汛期为 3~6 月，辽东为 5~7 月，江苏沿海为 4 月下旬至 7 月初，烟台 5 月中旬至 6 月下旬及 8 月初至 11 月初。

鲥鱼体长而宽，体侧扁。体色为闪光银白色，属暖水性中上层鱼类。生殖季节集群游向近海，较易捕获，是我国主要经济鱼类之一。其刺多，肉细嫩，味醇香，鳞下含脂肪很丰富，为腌制咸鱼的重要原料。新鲜鲥鱼用来清蒸最好，也可汆汤、干烧、红烧、酱汁、白炖。

5. 银鲳。又名鲳鱼、镜鱼、鲳扁鱼、白鲳，北方又叫平鱼。银鲳在我国沿海各地均有。捕捞期为：江苏 4~8 月，山东 5~6 月，浙江舟山、福建 4~6 月，广东 3~6 月，东海为主要产区。

银鲳全身呈扁圆形，体长一般在 20~32 厘米，银灰色，头小嘴圆，牙细，成鱼腹鳍消失。属暖水性中上层鱼类，平时分散栖息于潮流缓慢的近海，生殖季节集群游向近岸及河口附近。以甲壳类等为食。银鲳有小细鳞，肉细，刺少，味醇厚。此鱼的内脏最少，1~1.5 千克的银鲳，肠子只有 2 两左右。头部小肉多，银鲳适于做红烧、干烧、清蒸、干炸等菜肴。

6. 鲐鱼。又名鲭、青花鱼、油筒鱼、鲐巴鱼。鲐鱼为我国重要的经济鱼类之一。我国沿海均产，产季略有不同，青岛、烟台 5 月上旬~6 月为旺季，浙江近海 3 月中旬~5 月为旺季。鲐鱼体呈纺锤形，长达 60 厘米，尾柄细，背青色，腹白色，体侧上部具有深蓝色波状花纹，第二背鳍和臀鳍后方各具有 5 个小鳍，尾鳍呈叉形。鱼为中上层洄游鱼类，每年春季产卵期由外海游近沿海地区，产量很大。鲐鱼肉质坚实品质优良，在夏季易于腐败，一般适于腌制或罐装，烹调中以红烧、醋熘为多。

7. 鲅鱼。又名马鲛鱼、蓝点鲅。为北方经济鱼类之一。鲅鱼的外形和鲐鱼很相似，体侧也有许多不规则的斑点，不同之处是前后两背鳍相距很近，第二背鳍和臀鳍后部具有7~9个小鳍，体形较鲐鱼大，可达1米以上。鲅鱼属暖水性中上层鱼类，夏秋季结群作远程洄游，5月间游近黄海，每年4、5月和7、8月为盛产期。肉有弹性，刺少，一般体重1.5~2千克，体大的可达40千克以上。食用方法同鲐鱼，也可作罐装食品。

8. 海鳗。又名牙鱼、狼牙鳝。海鳗体长而圆，一般长35~45厘米，大者可达1米以上，属凶猛性鱼类。背侧灰褐色，下方白色。背鳍和臀鳍延长，与尾鳍相连，无腹鳍，鳞细小，埋在皮肤下，秋季入深海产卵，幼鱼呈柳叶状，透明，经变态后进入浅海中成长。海鳗分布于朝鲜、日本和我国辽宁、山东、浙江、福建、广东等沿海，以东海为主。肉质细嫩，富含脂肪，为上等食用鱼类之一。每年夏季入伏时盛产，以农历6月为最肥。新鲜海鳗最适于清蒸、清炖等，亦可红烧、炒或作鱼丸，鱼鳔可干制成鱼肚。

9. 藤罗鱼。又名黄姑鱼、铜罗鱼、黄婆鸡、春水鱼。我国沿海地区均产，以渤海产量为最高，每年5~6月为旺季，以秦皇岛所产为最好。其体形如小黄鱼，圆头、柳叶形、鱼身上部为灰黑色，下部为黄色，身上有许多黑点组成的黑条纹，属暖温性近海中下层鱼类，有明显季节洄游，春季开始游向近岸处产卵，一般体长20~31厘米。肉呈蒜瓣状，味微酸，通常每条0.5千克左右，也有1~1.5千克重的。此鱼红烧、干烧、酱、炖均可。

10. 鲈鱼。又名花鲈、板鲈。鲈鱼为名贵鱼类，有黑白两种，白的叫鲈板鱼，黑紫的叫敏子鱼。产于黄海、渤海等区域，辽宁省的大东沟，山东省的羊角沟，天津的北塘等处较多，以北塘出产的质量最好数量也最多，出产旺季在立秋左右。鲈鱼体长圆形，青灰色，有黑色斑点，随年龄增大而减少，嘴大、背厚、鳞小、肚小、自色、肉多、刺少，鱼味鲜美。普通的重 1.5~2.5 千克；也有 5 千克左右的。大的鲈鱼可达 25 千克以上。鲈鱼适于炸、红烧、清蒸，亦可制作鱼丸。

11. 鮸鱼。又名鳘子、米鱼。我国沿海均产，东海、黄海交界处是世界上最好的鮸鱼场。产期为 6~9 月。鮸鱼属暖温性底层鱼类，栖息于咸淡水混合处，体长一般 45~55 厘米，大者可达 80 厘米，体侧为暗棕色，腹部为灰白色，有鳞，鱼鳔可干制成鱼肚。肉质细嫩，适宜清蒸、醋熘、红烧、熏制等方法，也常作罐装原料。

12. 真鲷。亦称加级鱼、鲛鲌鱼、铜盆鱼。我国沿海均产，为黄海、渤海经济鱼类。以秦皇岛产的最肥，立夏至初伏为丰产季节。一般重 0.5~1 千克多，最重可达 5 千克。

真鲷体呈椭圆形，头大，口小，长达 50 厘米以上。全身为淡红色，尾鳍后缘呈黑色，上、下颌前部呈圆锥形，后部呈臼齿形，体背栉鳞，背鳍和臀鳍的上部呈破刺形状。栖息于沙砾海底，主食贝类和甲壳类，是一种上等食用鱼类，肉细嫩、味鲜。可红烧、干烧、酱汁、炖、烤、清蒸、汆汤等。

13. 鳕鱼。又名大头青、大口鱼、大头鱼。只产于黄海和东海北部，是我国北方海区经济鱼类之一。其体长形，头大鳞很小，体背侧黄褐色有许多小黑斑，腹侧灰白，体长一般 20~70 厘米，体重 0.5 千克左右，大者可达 4 千克。属冷水性底层鱼类。生产旺季为 1~2 月，4~8 月亦有。烹调方法适宜红烧，亦可干制蒸食。鳕鱼的肉、骨、肝均可作药用。

14. 梭鱼。也叫支鱼、红眼鱼、肉棍子。我国沿海均产，以渤海区域为多，捕捞期有春汛和秋汛。梭鱼体近圆筒形，长达50厘米，银灰色，眼上缘红色，头宽而稍平扁，口端位，平衡，下颌前端突起，上颌中央凹陷，眼睑不发达，背鳍两个。栖息近海及河口，摄食泥沙中的无脊椎动物及有机物。肉细，味不太厚，肉多刺少，可切鱼片。梭鱼可用做白爆、红烧、干烧等菜肴。

15. 牙鲆鱼。又名比目鱼、牙偏、偏口鱼。牙鲆鱼在我国沿海均产，以黄海、渤海产量多且质优，渤海沿海常年都有，主要产季在12月，黄海北部5～6月及10～11月产较多，以秦皇岛、北戴河所产最好。体型扁片，口大，眼睛生在一侧，有眼的一侧为灰褐色及深褐色，有黑色斑点；无眼的一侧为白色，全身只生一根大刺，鳞片小，肉质细嫩、味美。牙鲆鱼做红烧、氽、干烧、蒸等菜肴均可。

16. 鲱鱼。又名青鱼。鲱鱼体侧扁，长约20厘米。背青黑色，腹银白色。眼眉、眼睑、腹部有细弱棱鳞。系冷水性海洋上层鱼类，食浮游生物，是世界重要经济鱼类之一。分布于北太平洋沿岸，我国黄海、渤海有鲱鱼出产，产季以春、冬为主。鲱鱼含油量较高，精巢可制鱼精蛋白。鲱鱼可红烧、炖、干炸等，也可制作罐头或盐腌。

17. 半滑舌鳎。又名鳎米、舌头。我国沿海均产。产量以8～10月为多，头短、两眼小，均在左侧、鳞小，一般体长25～40厘米。肉紧味鲜醇厚，是上等名贵海鱼，适宜采用炸、红烧、蒸等烹调方法，也可干制。

18. 马面鲀鱼。俗称橡皮鱼、剥皮鱼，又名绿鳍马面鲀。鱼体呈长椭圆形，体侧扁，一般长约20～25厘米。体呈黑色，体侧具不规则斑块，为暖湿性近海底层鱼类，以底栖小生物为食。在外海越冬，4、5月产卵，主要分布在我国东海、黄海、渤海及朝鲜、日本和非洲南部。我国以东海、黄海产量为主。东海 2~3 月为旺季，黄海以 4~6 月为产季。马面鲀鱼食用时需剥皮加工，利用率较低，肉灰暗，呈蒜瓣状，微腥。可红烧、干烧，也可加工成鱼片、鱼丁以供烹调。

19. 石斑鱼。鳍科鱼类，我国南方海域产量较多，常见的品种有赤点石斑鱼、青石斑鱼和网纹石斑鱼等。属暖水性大中型鱼类。体中长、侧扁，头大、口阔、鳞细，背鳍和臀鳍发达，体色变异甚多，常呈褐色或红色，并具条纹和斑点。肉为蒜瓣状，骨刺少，肉质鲜嫩，适用清蒸、烧等方法。

（二）淡水鱼类

淡水鱼类指生活在江、湖、河池中的各种鱼类。品种较之海水鱼少，约有 800 种。其中不少品种可人工养殖。淡水鱼类一般没有洄游习性，但有些品种原生活在海洋，往往洄游江湖，并在江河捕获。如鲥鱼、刀鱼、鮰鱼等。

1. 刀鱼。刀鱼产于天津海河、长江中下游一带以及珠江一带，为名贵的洄游鱼类。长江下游 4 月为旺季，清明前后最佳；天津海河以秋后所产的最肥美。刀鱼形状像一把刀，体长而平扁，背部青灰色，侧部和腹部为银白色，臀鳍和尾鳍连在一起，胸鳍上有五条须，眼小不明显，鳞片小，刺细软，肉味鲜美。刀鱼清蒸、煎烧均可。

2. 鮰鱼。亦称江团、白吉，是名贵的洄游鱼类。以长江下游为多，产季在 4~5 月。鮰鱼体修长，前部扁平，腹圆，后身渐细，大者可达 1 米以上，背灰腹白，体表无鳞，吻圆实，须四对，眼小。肉细软嫩，鲜美肥润，富含脂肪，鱼膘肥厚，可作鱼肚，食用可作白烧、红烧等。

3. 鲥鱼。又名三来。分布于我国东海和南海，繁殖季节溯河进入长江、钱塘江和珠江。长江产量较多，每年端午节前后产量最多，肉质也最肥美；过此季节，肉质就渐老，网捕鳞片完整，质量最好。

鲥鱼形似鲶鱼，体侧扁，口大无牙，头部齐尖，头及背灰绿黑色，鳞片大而薄，上有细纹，体侧为银灰色。鳞片中含脂肪很丰富，烹制时脂肪溶化入肉，更增添鱼肉的鲜嫩滋味。肉白而细嫩，肉质坚实，刺多而软，为我国名贵鱼类，普通的重 1 千克左右，大的可达 2.5~3 千克重，一般以鳃帮发亮的好，发黄的较差。变质时肉质发红。此鱼以清蒸、清炖为最好，也可红烧。

4. 大马哈鱼。是东北著名特产之一，属洄游鱼类，主要产于松花江上游和乌苏里江，耐寒性强每年 9~11 月为盛产期。这种鱼大的可达 10 千克左右。鱼体长，侧扁，口大，眼小，鱼体肥壮，有各种鳍，背灰黑色，肚白色，两侧线平行，鳞片较大，肉质紧而弹性强，味鲜。可烧、炖、清蒸、酱、熏或腌。鱼籽叫“红鱼籽”，为海味珍品。

5. 鳇鱼。又名秦王鱼。主要产于黑龙江，为东北特产，生产旺季为 6~8 月。鳇鱼体很长一般长约 2 米，最大长达 5 米，重约 1000 千克，体梭形，头呈三角形，吻长而实，口下位。背青黑色，侧黄色，腹色灰白（雄银白）。

其肉细嫩、味鲜，宜用清炖、红烧、炒等烹调方法。鳇鱼籽叫“黑鱼籽”，是海味又一珍品。

6. 鳡鱼。亦称黄钻、竿鱼。体呈亚圆筒形，大者长达 1 米余，重量可达 50 千克，青黑色，吻尖长，口大而呈喙状，眼小，背微黄，腹银白色，性凶猛，捕食各种鱼类，为淡水养殖业的害鱼。冬季最肥，天然产量高，为大型上等食用鱼类，分布在我国各大江河中。此鱼肉质坚实细嫩，刺小而少，味鲜美，可红烧、干烧或加工成鱼片烹制，最宜制作鱼丸。

7. 鳜鱼。亦称桂鱼、鲚花鱼、花鲫鱼。主要产于南方的淡水湖中，湖北、湖南最多。一年四季均产，2~3月最肥美，是一种名贵的鱼。

鳜鱼口大头尖，身长而扁圆，长约20~30厘米，体为青果绿色而带金属光泽，身上有不规则的花黑斑点，鳞细小，刺细、肉紧细嫩，呈蒜瓣状，味鲜美。鳜鱼适于红烧、干烧、清蒸、炸、熘等。

8. 鲌鱼。又名白鱼、翘嘴白。产于国内各地内河水域，6~7月较多。体细长扁薄而呈柳叶形，长约25~40厘米，口在上位，下颌突出往上翘，细鳞银白，为上等淡水鱼类品种，肉质细嫩，刺多，味极鲜，宜于清蒸、烟熏、红绕等方法烹制。

9. 鲤鱼。俗称鲤拐子。为我国最主要的淡水养殖鱼种，有悠久的饲养历史，原产于我国，后传至欧洲，现世界上已普遍养殖。鲤鱼体侧扁，上颌两侧和嘴各有触须一对，鳞片大而圆且紧，刺硬，背部苍黑，腹部清白色。按生长地域可分为河鲤鱼、江鲤鱼、池鲤鱼。河鲤鱼黄色，带有金属光泽，鳞白色，上腭两侧有须两对，尾红，肉嫩，味鲜。江鲤鱼鳞片和肉为白色，肉质仅次于河产。池鲤鱼青黑鳞、刺硬，有泥土味，但肉质细嫩。我国黄河上游所产最为名贵，称为黄河鲤鱼。

鲤鱼四季均有出产，以9~12月为主，2~3月间最肥美，一般每条0.5~1.5千克左右，大的可达5千克以上。鲤鱼的吃法很多，整烧或加工成片、块、条、丁烹制均可。

10. 鲫鱼。又称鲋，古称脊。它是我国各地常见鱼，以河北白洋淀、南京六合龙池所产者最好。一年四季均有出产，2~4月、8~12月最肥美，亦可人工养殖。鲫鱼体侧扁、宽而高、腹部圆、头小、吻钝、鳞大，体呈银灰色，也有金黄色的，嘴上无须。其刺多，肉嫩，味美，营养比其他鱼类丰富，为上等淡水鱼类之一，妇女哺乳期食后可发奶。鲫鱼干烧、酥㸌、氽汤、清蒸均可。

11. 草鱼。又名鲩鱼、洋鱼、草根鱼、草色鱼。体呈亚圆筒形，大者长达 1 米余，重达 35 千克以上。青黄色，头宽平，口端位，吻很钝，无须。背侧呈菜黄色，腹部灰白，底层栖息，以水草为食，3～4 龄成熟，在江河上游产卵，可人工繁殖，鱼苗生长迅速，为我国四大淡水养殖鱼类之一。我国南北方均产，以湖北、湖南所产质量最好，一年四季均产，9～10 月产的质量最优，肉白色、细嫩、有弹性、肉多刺、味美。草鱼可红烧、炖、清蒸，也可加工成鱼片烹制。

12. 青鱼。又名乌青、螺丝青、黑鲩、鲭鱼。全国各地江、湖、池塘、水库均产，是我国四大淡水鱼养殖品种之一。常年捕捞，9～10 月产的最好。

青鱼体长略侧扁，腹部圆，头较扁平，无触须，体色很浓，背部青黑，腹部白色。肉质紧实细嫩，出肉率高，属淡水鱼中上品，烹调方法宜于烧、干烧、炒、炸、熘、贴等。

13. 鳙鱼。又名胖头鱼、花鲢、黑鲢、松黑。鳙鱼为我国四大饲养鱼类之一。原产于湖北、湖南，现全国各地普遍养殖。

鳙鱼很似鲢鱼，但头部较鲢鱼大，约占全身 1/3，肚宽背厚，体色较浓，背部黑褐色，两侧有黑色斑纹，腹部灰白色。鱼肉白细嫩，刺细而多，味美，红烧、干烧、炖、清蒸均可。

14. 鲢鱼。又名白鲢鱼、鲢子鱼，为我国四大淡水饲养鱼类之一。多产于长江以南的淡水湖中，在池塘里养殖的也很多。它们主要是以浮游生物为食，以冬季产的为好。湖北、湖南所产最好。

鲢鱼身体长扁，头较大，鱼眼偏下，鳞片细小，体色银白，刺多，大的重量可达 15～20 千克。鲢鱼肉软嫩，含水量高，易变质。吃法与鳙鱼相同。

15. 鳊鱼。又名长春鳊、边鱼、方鱼。体型侧扁，头尖小，长约20~30厘米。背部特别隆起，腹部后面有肉棱，鳞小，体呈银灰色。此鱼生长迅速，是食草性鱼类，分布广，遍及全国，产量较大，是江河湖泊的主要经济鱼类之一，也是人工饲养淡水鱼品种之一，以冬季产为佳。其肉细嫩鲜美，营养丰富，是淡水鱼上等品种。以清蒸、红烧、干烧、氽汤等方法能制作出多种菜肴。

16. 黑鱼。亦称鳢，又名乌鱼、蛇头鱼、黑鱼棒子。黑鱼产于淡水湖或河中，我国南北均产，一年四季都有，以冬季产的最肥。其体修长，呈亚圆筒形，大的长达50厘米以上，青褐色，头部上下扁平，尾巴左右侧扁，有三纵行黑色斑块，眼后至鳃孔有两条黑色横带。口大、牙尖、眼小，背鳍和臀鳍均较一般的鱼为长，尾鳍成圆形。常在水底栖息，适应性强，对不良水质，水温及缺氧等具有很强的抵抗力，性凶猛，以虾类及其他鱼类为食。肉肥味美，皮厚，适宜割制鱼片、鱼条、鱼丁等。也可烧、氽汤，汤汁浓厚味醇，具有滋补作用。

17. 鳗鲡。又名河鳗、白鳝、青鳝。主要产于长江口沿岸一带江河流域，现有人工饲养。体细长，长约30~45厘米，前身圆筒形，后身侧扁形，皮肤下埋有细鳞，表皮光滑，背为暗绿色，腹为白色。肉细嫩、肥润，蛋白质和脂肪含量很高，是我国高级的降河性洄游鱼类之一。可制蒸、炖、红烧、白炒等菜肴，也可制成罐装食品。

18. 鲂鱼。又名方鱼、团头鲂、武昌鱼。分布较狭，为长江中下游附属湖泊的常见鱼类，以湖北鄂州市梁子湖产为多，因鄂州市原为武昌县，故又称武昌鱼，现在池塘内饲养繁殖成功，在全国各地推广。以秋冬季产的最肥。

鲂鱼与鳊鱼相似，但体较鳊鱼高而侧扁，头短而小，吻较钝圆，背灰黑色，肉质与鳊鱼相同，食用方法亦同鳊鱼。

19. 罗非鱼。又名非洲鲫鱼、红尾鲫鱼。原产非洲莫桑比克，现我国各地已有饲养，其繁殖力强，生长较快，当年即可成熟，产量高，以秋、冬为佳。罗非鱼体长一般在 15 厘米左右，扁平，头短而高，口大、唇厚、吻圆、鳞大，体灰黑色，背鳍尖利，尾鳍略圆。肉较嫩、味鲜美，但有土腥味，适宜氽汤、红烧食用。

20. 鳝鱼。又名黄鳝、长鱼。产于各地水网地区。以江、浙和长江沿岸各省产较多，常栖息于水田烂泥中，全年都可捕捉，以夏秋品质为最优，是我国特产。鳝鱼体细长，呈蛇形，头部膨大，吻尖，眼小，体润滑无鳞，体色微黄或橙黄，全身布满黑色小斑点，腹部灰白，体长一般为25~40 厘米，大者可达60 厘米。肉呈灰色、较嫩、味鲜，富含营养，有泥土味。适合各种烹调方法，在南方饮食业使用广泛，品种极多。江苏淮安市有“长鱼席”。

21. 泥鳅。小型鱼类，分布遍及全国，多栖息于静水体底层，常钻入泥中，6~7 月为盛产期。体长约 8~12 厘米，身扁圆，吻部向前突，尾鳍圆形，体表光滑，灰黑色，有斑点。肉细肥嫩，味鲜，带土腥味，蛋白质含量达 22%以上，营养丰富，为出口水产品之一，适宜红烧、熏、炸、炖等烹调方法。

二、虾、蟹类

（一）虾类品种

虾为十足目、游泳亚目的通称。体分头、胸部及腹部，外披甲壳。头部有附肢五对，胸部有附肢八对，腹部有附肢六对，末对为尾肢，与尾结合成尾扇。淡水和海水均产，种类甚多，经济价值较大的和常见的有对虾、龙虾、白虾、青虾、白条虾等品种。

1. 对虾。又名大虾、明虾，学名中国对虾，是我国北部沿海特产之一，主要产于渤海湾。每年 3~4 月间为汛期，由青岛经烟台沿海北游，以在烟台时为最肥；然后经过大沽口到秦皇岛产卵，9~11 月南游过冬，形成秋汛，到第二年 3~4 月间洄游北上。其生长迅速、寿命短、繁殖快、体大肉肥，与墨西哥棕虾、圭亚那白虾并称为“世界三大名虾”。

对虾体长 16~23 厘米，通常按对计算，每两只为一对，故名对虾。其鲜品外壳呈青白色，以皮亮、身硬、头爪整齐，须长者为上品。雌虾比雄虾稍大。天津的河口对虾尾红、爪红，其味极为鲜美。未成熟的对虾就是虾钱。一般 7 个 0.5 千克者为对虾，低于此者为虾钱。食用可用盐水煮、烧、熗等，也可出虾仁炒。

此外，还有日本对虾、斑节对虾等种类。斑节对虾为对虾中最大的一种，雌虾长达 30 厘米，体重超过 200 克，产于福建、台湾和广东沿海，体型与中国对虾相似。

2. 龙虾。品种很多，可分中国龙虾、日本龙虾、波纹龙虾、杂色龙虾、密毛龙虾、少刺龙虾、长足龙虾等。分布于我国东海、南海等海域，尤以广东、福建、浙江较多，夏秋为旺季。体长约 30 厘米，呈圆柱而略扁，腹部较短，头胸甲壳，坚硬多刺，体橄榄色并带白色小点。肉多味鲜，宜于炸、熗等制作方法。

3. 晃虾。又叫白虾、迎春虾。产于我国沿海等地，以渤海产为多。盛产期在立春前后，体长一般约 5~9 厘米，外壳白色透明，身略弯曲，肉红、籽黄、味鲜质嫩，适宜盐水煮。

4. 青虾。即沼虾，又名大青虾。是产量最高，分布最广的一种虾。青虾主要产于淡水河、湖、池塘里，每年端午节前后为盛产期。产地较多，以河北白洋淀、江苏太湖、山东微山湖等地出产最为著名。青虾体长约4~8厘米，壳较白虾硬而厚，全身均呈淡青色，头有须，胸前有一对螯足，两眼突出，尾叉形。肉嫩味鲜美，可以炸、盐水煮、醉、炝食用，也可出虾仁炒、贴等。

5. 白条虾。又名太湖白虾。产于湖、河淡水中，以太湖产有名，产季为夏天。白条虾体长与青虾差不多，须短，足不发达，壳薄而软，色白明亮，体壮肥硕，肉白质嫩味极鲜。适宜油炸、盐水煮、炒、蒸等方法食用。

（二）蟹类品种

1. 海蟹。学名三疣梭子蟹，又名海虫。海蟹我国沿海均产，以渤海湾所产海蟹最著名。每年3~4月为最肥。雌蟹圆脐，雄的尖脐。

海蟹壳厚扁平，体呈青灰色，头部有一对大螯足，另有四对小足，头胸表面有三个高低不平的瘤状物，身为梭状，故名三疣梭子蟹。一般重250~500克，肉色白而鲜嫩，但不如河蟹味厚，其蟹黄也不如河蟹肥厚醇香。宜蒸制食用，也可加工出肉。

2. 螃蟹。学名称中华绒螯蟹，又称毛蟹，为淡水蟹品种。根据生活环境分江蟹、河蟹、湖蟹三种，我国品种有500余种，一般以中秋前后为盛产期。华北地区以霸州市胜芳产的为最肥。此外，南京的江蟹、江苏常熟阳澄湖的红毛湖蟹都很有名。

螃蟹扁圆形，甲壳，有螯足一对，上长密密绒毛，腹脐白色，背壳青黑色，肉脂肥润，色黄软如膏称蟹黄。味美而营养丰富，含蛋白质11%，脂肪4%，并含有钙、磷、铜、铁及维生素等。蟹肉较难消化，一次不宜多食。适宜蒸、醉等方法，也可出肉加工，作炒、烩、烧之用。

三、贝类

（一）腹足类品种

1. 田螺。我国常食的淡水螺之一，一般生活于浅水、沼泽、水田，广泛分布于华北和黄河、长江流域等地。

田螺贝壳大，高 6 厘米左右，呈圆锥形，螺层有 6~7 层。质重而坚，表面光滑或具纵走的细螺肋。壳口卵圆形，边缘呈黑色。田螺的肉味一般，食用以整壳烧、炒为多。

2. 青螺。淡水贝壳类品种，产于内陆水网地区的河、湖中，以南方太湖产较多。春天为旺季，青螺体小尾尖，壳薄呈棕褐色。肉灰黑鲜嫩。可直接煮后取肉蘸调味品食用，也可出肉加工后以炒、炝等方法食用。

3. 海螺。又名红螺。海螺的贝壳边缘轮廓略呈四方形，大而坚厚，壳高达 10 厘米左右，螺层有 6 级，壳内为杏红色，有珍珠光泽，海螺生活于浅海底，产于我国北部沿海，东海嵊泗也常见，产季为 9 月中旬到至翌年 5 月，肉供食用。适宜烧、炒、爆、氽汤等制作方法。

（二）瓣鳃类品种

1. 牡蛎。简称蚝，又名海蛎子。牡蛎壳形不规则，厚重而大。左壳（或称下壳）较大软凹，附着于它物，右壳较小，掩覆如盖，无足无丝。牡蛎分布于热带和温带，我国黄海、渤海、南沙群岛均产，约有 20 种，冬春为盛产期。牡蛎肉味鲜美，生食、熟食均可，也可加工制成蚝豉、蚝油及罐头，壳可制药。

2. 文蛤。又名花蛤，沿海各地均有。辽宁营口、江苏连云港、南通较多，全年均产，以清明前后为旺季。文蛤，壳坚硬而厚，顶部突出，白色，肉细嫩味鲜，为贝中上品。宜于氽、烩、蒸、炝等方法食用，亦可作馅或加工成罐装品。

3. 毛蚶。又名赤贝、麻蚶、瓦垄子。分布于近海泥沙质的海底。主要产区渤海湾及各地沿海，以 9 月~11 月及 3 月~4 月为生产旺季。毛蚶长卵圆形，壳质坚硬，两壳不等，右壳稍小，壳顶突出，向内卷曲，表面有褐色绒毛状表皮。肉质肥大，以炒、烧方法食用为多。

4. 河蚌。淡水贝类品种，多产于南方内陆河、湖中，以春天为旺季。河蚌体大而宽扁，壳硬较薄，呈黑色。肉嫩色淡黄，味鲜，含水量高，烹调后失水率大。加工后宜于红烧、烩、炒等，也可作配料，如河蚌刮肉等。

四、其他类

1. 圆鱼。即鳖，又名鼋鱼、甲鱼、水鱼、团鱼等。产于各地河网地区，现已有人工饲养。野生的以 4~11 月为主要捕捉期。圆鱼头呈二角形，吻长而突出，头颈部和四肢能完全缩入背腹甲之间。甲壳体裹有表皮，呈蓝灰色和灰褐色两种，腹部白色间蓝色斑纹。圆鱼寿命很长，体重大者可达 5 千克以上，肉肥嫩、味道醇厚，富含蛋白质，营养价值高，为高级滋补食品。在烹饪中常以清炖、红烧、烩等烹调方法制作食用。

2. 牛蛙。又称喧蛙、食用蛙。原产北美洲，生活于池沼，水田等处，现人工饲养为多。因其鸣声洪亮，远闻似牛叫声，故名牛蛙。

牛蛙个体较大，雌性体长约 20 厘米，雄性长约 18 厘米，体色多变化，背面呈褐色、深绿色，有黑色斑点，腹部白色，咽喉部黄色或有淡黑色斑点，后肢很长，趾间有蹼，成体需 4 年左右。肉质鲜嫩，含水量丰富。食用以爆、炒、炸、氽汤为多。体皮脆嫩，亦可与肉一起食用。

第三节 鱼制品

水产品中大多数的加工制品按饮食行业的习惯归类于干货原料中，因此，本节只就鱼的部分制品做些介绍。鱼制品按加工方法分有腌鱼制品、干鱼制品、熏鱼制品和复制品等。

一、腌鱼制品

腌鱼制品主要指咸鱼，它是利用食盐的渗透作用，使鱼肉内部水分溢出，肉质变紧，从而达到防止和阻碍微生物的繁殖生长和组织分解酶的分解作用。经过盐腌的鱼肉不仅体积缩小，重量减轻，便于保管运输，提高食用价值，还能帮助去除异味，使鱼肉产生芳香味。

腌制咸鱼主要选择肉质紧密的中小体形的海水鱼和体形较大的淡水鱼，如黄鱼、鲙鱼、鲳鳊鱼、鲤鱼、草鱼、青鱼等。

咸鱼的腌制方法有干腌法、湿腌法和混合腌法三种。具体做法与咸肉的腌制作法相同（参见五章）。

咸鱼制品因其在加工过程中用盐较多，口味太咸，故食用时必须先用清水浸泡漂洗减轻盐分，才可加热。烹调方法宜于蒸、红烧、亦可煮作冷菜食用。

二、干鱼制品

即脱水干制的鱼制品。分盐鱼干和淡鱼干两类。干制方法分自然干燥和人工干燥法两种。

自然干燥法又称晒干法，依靠太阳光的辐射作用和干燥空气风干作用对鱼进行脱水，适宜冬季加工干鱼。

人工干燥法又称烘干法，是利用机器设备对鱼进行脱水。人工干燥法效率高，鱼品干制均匀，适用于大批量加工。

干鱼常见的品种有：

1. 黄鱼鲞干。由鲜大黄鱼经剖脊去内脏洗净用盐腌（盐量30%），加压，洗涤脱盐，晒干制成。主要产于浙江舟山、温州，福建宁德等地。其特点肉厚坚实，色白，盐度轻，干度高。食法宜干炖、煨，如黄鲞炖烤肉。

2. 鳗鱼鲞。地方俗名风鳗、海鳗鲞。由海鳗鱼剖脊去内脏，洗净，盐腌后再用水漂洗，晒干制成。以浙江舟山、台州，福建宁德，广东，海南等地加工为多。此品体形完整，肉质紧密厚实，盐味轻，味鲜香，烹调方法宜干蒸、炒、炖。

3. 龙头烤。以鲜龙头鱼去内脏洗净，盐腌，清水漂去表面盐分，晒干而成。主要产地有浙江舟山、广东汕头等。其特点是个体肥大，肉紧实，灰白色，口淡。烹调方法油炸、蒸均可。

4. 海蜒鱼干。鲜海蜒鱼去内脏洗净，放6%~8%的盐水中煮沸至熟（不煮烂），出锅沥水，冷却，晒至九成干即成。产地为浙江温州、福建莆田、宁德等地。其特点体形完整，色白微黄，富于光泽。烹调方法宜于油炸、蒸食等。

5. 银鱼干。有两种制作方法。其一是直接将银鱼放在日光下晒干即成；其二是先用明矾水将银鱼浸渍，以加快脱水，然后晒干，但制品色黄，缺少光泽。产地主要在江苏太湖、洪泽湖，安徽巢湖、芜湖。其特点：鱼体均匀、乳白，有光泽，味鲜，宜于蒸、氽等烹调方法食用。

三、熏鱼制品

熏鱼是一种具有特殊风味的鱼制品。加工工艺是利用带特殊香味的燃料（锅巴、茶叶、糖、酒、姜、葱、木屑等）发出的烟气影响鱼肉，致使制品表面色泽金黄，肉紧，味香浓郁，是经济价值和食用价值较高的食品。既可直接食用，又可保藏一段时间备用。

四、复制鱼制品

1. 鱼肉松。鱼肉松味香而鲜美，易消化吸收，耐储存。其制作方法是将淡水鱼类的大型鱼如胖头鱼、鲤鱼、草鱼、青鱼及海产品如鲨鱼等新鲜鱼洗净，开腹，去内脏，再洗净，切成段后，在75%的食盐水中腌渍2~3小时，再洗一次，用笼屉蒸熟后取肉，加调味品酱油、白糖，最后用猪油或其他植物油以温火（最高不超过80℃）炒制，待鱼肉纤维完全分开时即成。

2. 鱼肉香肠。鱼肉香肠是选择较大型的淡水鱼，如鲤鱼、胖头鱼等，去鳞、内脏、骨刺、洗净，用铰刀将鱼肉铰成馅，调味，灌入肠衣（猪、牛、羊的小肠均可），煮熟，染色（须使用食用色素，用量必须按规定严格控制），最后进行风干即成。鱼肉香肠味美而耐储存。

第四节　水产品的品质检验与保管

鲜活的水产品是含水量高，营养丰富的食品。大部分品种经捕捞离开其生活的场所后，很容易死亡，原体表面附带的微生物便很快地繁殖生长，侵入肌体，使之腐败变质。加之水产品在捕捞及装运、堆放、保管等过程中，由于机械损伤及不卫生环境因素影响，也能为微生物繁殖生长创造更为有利的条件，从而加快腐败变质的过程。水产品的腐败变质不仅严重损害其感官形状，降低食用价值，而且还能破坏其营养成分，产生有害物质，影响人体健康。因此，对水产品品质检验与保管必须十分重视。应根据水产品的性质、特点采取相应措施，搞好水产品的品质检验与保管。

一、水产品的品质检验

水产品的品质检验主要是根据各品种的外观特征变化，以感官检验方法来了解其新鲜度，从而判定其品质的好坏。下面介绍鱼、虾、蟹三类的质量标准和检验方法。

（一）鱼类的品质检验

鱼类为主要的水产品，因其肉中糖元含量小，酵解时间短，最容易发生腐败。鱼类是否新鲜，主要根据鱼鳞、鱼鳃、鱼眼、鱼唇、鱼脐、鱼鳍、鱼肉松紧程度、鱼皮和鱼鳃中所分泌的粘液量、气味及肉横断面的色泽进行判断。

1. 鱼鳃的状态。完全新鲜的鱼，鱼鳃色泽鲜红或粉红，鳃盖紧闭，粘滑较少呈透明状，没有臭味。鱼鳃呈灰或苍红色的为不新鲜鱼。如呈灰白色、有粘液污物则为腐败的鱼。

2. 鱼眼的状态。鲜鱼的眼澄清而透明，并且很完整，向外稍稍突出，周围没有充血而发红的现象。不新鲜的鱼眼多少有点塌陷、色泽灰暗，有时由于内部溢血而发红。腐败鱼的眼球破裂，并移动位置。

3. 鱼鳍的状态。新鲜鱼鳍表皮完好。新鲜度较差的鱼，鱼鳍部分表皮破裂，光泽减退。腐败鱼的鱼鳍表皮消失，翅骨暴露而散开。

4. 鱼唇的状态。新鲜鱼唇肉紧实，不变色。新鲜度较差的鱼，吻肉苍白无光泽。腐败鱼唇肉苍白并与骨分离开裂。

5. 鱼皮表面状态。新鲜鱼的表皮上粘液较少，体表清洁，鱼鳞紧密完整而具有光泽，鱼皮未变色，具有弹性，用手压入的凹陷随即平复，肛门周围呈一圆坑形，硬实发白，肚腹不膨胀。新鲜度较低的鱼，粘液量增多，透明度下降，鱼背较软，苍白色，用手压其凹陷处不能平复，失去弹性，鱼鳞松驰，层次不明显且有脱片，没有光泽，肛门也较突出，同时，肠内充满因细菌活动而产生的气体使腹膨胀，有腐臭味。

6. 鱼肉的状态。新鲜鱼肉的组织紧密而有弹性，肋骨与脊骨处的鱼肉组织很结实。不新鲜的鱼肉，肉质松软，用手拉脊骨与肋骨极易脱离，肌肉有霉味、酸味，有局部腐败现象。

（二）虾的品质检验

虾的品质根据其外形、色泽、肉质等方面来鉴定。

1. 外形。新鲜的虾头尾完整，爪须齐全，有一定的弯曲度，壳硬度较高，虾身较挺。不新鲜的虾，头尾容易脱落或易离开，不能保持其原有的弯曲度。

2. 色泽。新鲜虾皮壳发亮，呈青绿色或青白色，即保持原色。不新鲜的虾，皮壳发暗，原色变为红色或灰紫色。

3. 肉质。新鲜虾，肉质坚实，细嫩。不新鲜的松软。

（三）蟹的品质检验

蟹的品质根据外形、色泽、体重及肉质等几方面来确定。

1. 新鲜蟹。蟹腿肉坚实、肥壮、有力，用手捏有硬感，脐部饱满，分量较重，翻扣在地上能很快翻转过来。外壳呈青色泛亮，腹部发白，“团脐”有蟹黄，肉质鲜嫩。

2. 不新鲜蟹。蟹腿肉空松、瘦小，行动不活泼，分量较轻、背壳呈暗红色，肉质松软，味不鲜美。蟹以活的为好；如果已死，不宜选用。

二、水产品的保管

市场上出售的水产品品种繁多，有的是刚捕获出水的鲜活产品，有的是经过短时间储存的产品，有些经过长时间冷冻。进入饮食店后，必然给保管工作带来困难。因此，要安全、科学地保管好水产品，就必须以水产品的不同情况区别对待。根据各地不同特点，水产品保管有以下两种方法。

（一）活养

活养包括清水活养和无水活养两种。

1. 清水活养。主要适用于用鳃呼吸的活鱼类，如鲫鱼、鲤鱼、黑鱼、青鱼、长鱼、鳗鱼等。清水活养的水温一般在4℃～6℃，以自然河水为宜，并需适时换水，防止异物杂质入水，以减少死亡，保持鲜活。经清水活养的鱼类既能充分保持其鲜活度，又能促使某些鱼类吐去肠中污物，可以减轻肉中土腥味。

2. 无水活养。主要适用于用呼吸道呼吸的螃蟹等水产品。无水活养螃蟹必须排紧、固定，控制爬动，防止互相螯伤。要通风透气，防止闷死。

（二）冷藏

1. 鱼类的冷藏。对已经死亡的各种鱼类，保管以冷藏为宜，冷藏的温度视不同情况而定，一般应控制在-4℃以下，便能保管数天，如果数量太多，需保管较长时间，温度则宜控制在-20℃～-15℃为宜。凡冷藏的鱼，应去净内脏，再入冰箱或冰库，存放时堆放不宜堆叠过多。冷气进不了鱼体内部，就会引起外冻而内变质的现象，若冷藏的鱼需使用，也应采取自然解冻的方法。冷藏后的鱼，解冻后不宜再行冷冻；否则，鱼肉组织便会被破坏，丧失内部水分，导致肉质松散，降低鱼鲜度和营养价值。

2. 虾类的冷藏。虾个体细小，短时间冷藏一般散放容器中，不要太多，置于-4℃以下的冰箱中即可；如无冰箱，将虾放于冰块中，撒入少量食盐，用麻袋或草包封口，亦能保管数天。如数量多，保管时间长，就必须排放整齐，置于盛器中并放适量水一起冰冻，如明虾的冰冻保藏。虾也不宜重复冷冻，否则肉质会干缩失去鲜嫩度。

此外，贝类水产品也可清水活养，也可剥壳将其肉置于水中冷冻。海水鱼因市场所见多已死亡，一般宜用冰冻的保管方法。

思考题

1. 什么是水产品？水产品在烹饪中有什么作用及特点？

2. 试将饮食业常用的水产品根据每一品种名称、品质特点、产地、产季、适宜的烹调方法列成简表。

3. 鱼有哪几种形态？与鱼体轴线有什么联系？

4. 为什么要进行水产品的品质检验？

5. 怎样鉴别鱼、虾、蟹的新鲜度？

6. 水产品的保管一般采取哪几种方法？各种方法有什么要求？试举例说明。

第七章　干货制品

第一节　概　述

干货制品又称干货或干料，是由各种动、植物鲜活原料个体的全部或局部组织经过脱水加工而成的一类烹饪原料。大多数为传统品种，饮食行业习惯归于一类并称之干货，在烹饪中是具有重要作用的原料。

一、干货制品的干制原理

采用干制的原料，多数为比较名贵和应用比较多的烹饪原料品种，但由于产地和季节的限制，在鲜活状态时对其运输、市场供应、储藏保管都有较大的困难，因此，在产地即对鲜活的动、植物原料采用脱水干制的方法，使之成为干制品。干制品是保证原料品质不受影响的有效手段。

生物学告诉人们，细菌的繁殖生长必须具备一定的条件，其中之一就是水。新鲜的动、植物原料一般都含有较多的水分，极易使微生物迅速生长、繁殖，致使原料腐败变质；另外，原料中的分解酶（特别是动物性原料），也会使水分多、质地嫩的新鲜原料分解，加速食品的自溶腐败。因此，根据微生物和分解酶的特性，对鲜活原料采取干制的办法，以造成严重脱水状态，使其原有的新鲜组织变紧，质地变硬，抑制微生物繁殖和生长依附的条件，降低分解酶对原料的分解能力，基本保持烹饪原料原有的品质和特点。根据这一原理，鲜活原料脱水干制的方法有以下几种。

1. 晒。日晒是利用阳光的辐射，使原料受热，水分蒸发，体积收缩，这是一种自然干制法。干货制品大多用日晒的方法干制而成，它适用于各种原料的干制，尤其是中小形动物性和植物性原料。阳光越强烈，原料脱水越快，制品的品质越不受影响。同时，阳光中的紫外线能大量杀死细菌，起到防腐作用。

2. 晾。晾即晾干、风干。是将新鲜原料悬空置于阴凉通风的环境，使其慢慢挥发水分，体积缩小，质地变硬成为干货制品的一种脱水方法。这种方法适宜于体小的新鲜原料，主要是含不稳定性水多的植物性原料。晾干必须要求在气候比较干燥、温度偏低的季节进行，否则新鲜原料容易感染细菌而霉烂腐败。

3. 烘。烘是人为地利用熏板、烘箱、烘房以及远红外线产生的热空气对流的原理，促使新鲜原料内部水分迅速挥发的脱水方法。为目前干制原料较为科学的一种方法，效果好，不受时间、气候、季节的限制和影响，适用于各种原料的干制。

二、干货制品的特点

干货制品共同的特点之一是水分含量少，便于运输、储藏。由于原料的性质不同，干燥的情况也不完全相同。一般来讲，动物性干料含水分较少，植物性干料含水分较多。不过，无论哪种原料的脱水标准，应该为最小极限。由于干制后的原料不易变质，大大方便了运输和储藏，沿海地区的海味可销往国内外许多城市，山区的珍品可运往海滨，冬季的干货可储藏到夏季……既调节了市场供应，又起到了相互交流外运的作用。

干货制品的又一个共同特点是组织紧密，质地较硬，不能直接加热食用。因为大量脱水的缘故，致使原来肥大、鲜嫩、软质的原料形体缩小、干结、无弹性。相对而言，动物性干料的硬度高于植物性干料，组织结构紧凑，因此，涨发时间长，涨发的技术要求高，是动物性干料的显著特点。

三、干货制品的营养价值

干制品的化学成分与其新鲜状态时差不多，但由于脱水重量减轻，化学成分的单位比例上升，因此，相对来讲，干货制品的有效成分、营养价值较原料鲜时为高。加之选择干制的原料多为性质特殊的品种，对食疗保健、滋补养生有其显著的功效。如动物性干料主要含有高蛋白、无机盐，有的能养肺阴、补虚痨，有的能补血治溃疡等。如植物性干料海藻含有大量碘，对防止因缺乏碘而引起的甲状腺肿大有良好的效果。菌类含有丰富的糖类、维生素、无机盐和有机磷及一些抑制肿瘤的活性物质，对人体具有润肺、生津、提神、益脑、抗衰老、消疲劳、防癌治癌之功。所以一些干货制品对人体的健康有一定的保护作用，是人们最喜爱的食品之一。

四、干货制品在烹饪中的作用

干货制品大多以经济价值较高的动、植物原料脱水而成，来源广泛，品种各异，通过涨发加工，可以制作各种不同的菜肴。食用的烹调方法也多种多样。因此，干货制品在烹饪中对丰富菜肴的品种，增加菜肴风味特色，促进烹饪技术的发展起着十分重要的作用。干货制品按档次划分为普通干料和高档干料两类。普通干料如玉兰片、笔杆笋、木耳、金针、香菇、莲子等。这些原料生产量大，供应普遍，价格不贵，一般用作菜肴的配料或主料。高档原料如燕窝、鱼翅、猴头菇、竹荪等，这些原料历来被视为山珍海味，供应稀少，价格昂贵，只有高级筵席才用此类入馔。使用一些高档的干货制品，是反映筵席等级规格的一个重要标志。

五、干货制品的分类

干货制品的种类繁多，特性各异，分类方法较多。按传统方法分，可分为山珍类、海味类和一般干料三类。按其原料性质分，可分为动物性干料和植物性干料两大类。以干货制品的性质和生长环境相结合划分，可分为动物性海味干料、植物性海味干料、动物性陆生干料、植物性陆生干料、菌类和陆生藻类干料五大类。

第二节 动物性干货品种

一、陆生类

（一）干肉皮

猪肉皮的干制品。以背皮、后腿皮、臀皮等质地紧、毛孔细的品质为好。制品坚硬，富含胶原蛋白质，适宜油发，油发后需用开水泡软，碱水脱脂才能去除油味和膻味，一般以烧、烩方法做菜。

（二）蹄筋

猪蹄筋的干制品。有前脚蹄筋和后脚蹄筋之分。后蹄筋肥大，品质好；前蹄筋细小品质较差。一般呈分叉圆条状，质硬，淡白色，经水发后质软糯，富于韧性。富含蛋白，以胶原蛋白和弹性蛋白为主，不易熟烂。水发、油发或半油发后可烧、烩、炖汤、炒等。

（三）驼蹄

骆驼蹄的干制品。质干硬，表皮带毛，经涨发后肉脂润而嫩，味鲜，富含蛋白质、脂肪等营养素，动物胶质亦多。食用方法有烧、扒等。

（四）鹿尾

鹿类尾巴的干制品。主要营养素有蛋白质、脂肪。立冬至立春间猎取干制的称为冬尾，质量最好，春、秋猎取干制的称伏尾，质量较次。鹿尾有滋补壮阳功效，宜用蒸、焖发制，以烩、烧、制作菜肴为多。成品肉嫩、骨脆、味鲜，为上品佳肴原料。

（五）哈士蟆油

哈士蟆油是雌哈士蟆输卵管的干制品。哈士蟆又名中国林蛙，出产于东北黑龙江、吉林、辽宁、内蒙古等地。形似青蛙，生于阴湿的山林中，喜群集于河水深处石缝中冬眠。早春产卵，冬眠前最肥，肉嫩味鲜。干制的哈士蟆油呈颗粒状，微黄，经涨发后洁白如绒。细腻腴润，富含脂肪和维生素、无机盐。性平和，有养阴治虚及止咳的功用，是一种名贵的中药和补品，亦是珍贵的烹饪原料。食用方法多为蒸发后制甜汤或清汤，如冰糖哈士蟆、清汤哈士蟆。

（六）鹿筋

马鹿、驼鹿、梅花鹿等大型鹿科动物腿筋的干制品。产地以吉林、黑龙江为主。筋粗而长，质干硬，淡黄，经涨发后糯软而有韧性，醇厚味美。含高蛋白、脂肪、无机盐等成分，有补筋骨、益气力之功效，为名贵山珍之一。水发或油发后以焖、烧、烩、汆汤、清炖等方法做菜。

（七）驼峰

驼峰是骆驼背部峰肉的干制品。产于青海、内蒙古等地。峰肉肥润细嫩，膻味很重。含有蛋白质、脂肪等营养素，为名贵的山珍之一。驼峰中雄峰为“甲峰”，肉红，质最优。雌峰为“乙峰”，肉白，品质较次。可以扒、炒、熘、炖等方法烹制，但去膻味是关键。

（八）熊掌

熊掌又名熊蹯，即黑熊脚掌的干制品。产于东北大、小兴安岭等山区。干品质坚硬，皮老，布满黑毛，不易涨发加工。水发后肉细腻肥润、鲜美、营养丰富。含有胶原蛋白质55%，脂肪43.9%，无机盐亦很丰富，经济价值很高，为我国古代八珍之一，历来被作为宫廷贡品。

熊掌有前掌与后掌之分，前掌皮薄，侧面短，掌花明显，肉丰满，脂嫩鲜美，无骚膻气味，质量最好。后掌的侧面长，掌花不明显，皮粗肉老，骚膻味重，质量较次。干熊掌煮焖涨发后宜白扒、红烧、清炖等，常作为高档筵席菜肴之用。

二、海味类

（一）淡菜

淡菜别名海红、过毂菜，即紫贻贝肉的干制品。紫贻贝壳呈楔形，短而薄，前端尖细，后端宽，壳外黑色，顶部带紫色，是一种重要的养殖贝类品种，主要产于辽宁、山东、福建、浙江等沿海地区。淡菜色呈棕红，肉有黑毛，肥厚坚实，味鲜，含蛋白质59%，脂肪7.9%。食用方法：水发后宜于炖汤、红烧等。

（二）虾米

虾米别名海米、开洋，由海虾肉干制而成。产于辽东半岛、山东半岛、河北沿海、浙江舟山。虾米一般呈黄红色，颗粒丰满，质较硬，鲜美。含有蛋白质47.6%和丰富的无机盐等。食用方法：水发后冷菜凉拌，热菜配料可烧、氽、烩、扒等。

（三）海蜇

海蜇是一种腔肠动物，学名水母。海蜇体成伞形，在水中漂浮。产于我国沿海各地，夏秋季为捕捞旺季，捕捞后加明矾和盐压榨，除去水分，洗净再用盐渍，即成为海蜇干制品。海蜇分蜇头和蜇皮两部位，伞部称为“蜇皮”，皮薄，淡黄、肉白、脆嫩滑爽。口腔部位称为“蜇头”，似松枝，棕黄色，嫩脆。海蜇按产地分，有南蜇、东蜇、北蜇等。南蜇以福建、浙江所产最好，个大，浅黄色，水分大，脆嫩。东蜇产于山东烟台，又有沙蜇、棉蜇之分。沙蜇泥沙含于肉内，不易洗掉，牙碜；棉蜇肉厚不脆。北蜇产于天津北塘，色白个小，比较脆嫩，质量较次。海蜇多用于凉拌菜，也可熟吃，如氽汤。

（四）干贝

干贝是以软体动物斧足纲扇贝科和栉扇贝科、江珧科贝类动物的闭壳肌干制而成。我国沿海均产。以栉孔扇贝制成的主要产于渤海和胶州湾沿海，山东石岛所产质量最佳粒形不大而壮高圆整，色浅黄，干燥有香气，肉质丝纹细缜，嫩而带糯，微显甜味，是干贝中的上品。以江珧贝的后闭壳肌制成的干贝称江珧柱，产于南北沿海，个体较大，有两个柱心。以日月贝的闭壳肌制成的干贝称带子、带子干贝。杂干贝、体小扁圆，产于福建、广东、广西沿海，制品有生、熟两种，以熟晒品为佳，口味微甜，但风味和质量均不及栉孔干贝。

干贝一般用隔水蒸发，发成后摘去柱筋即可使用，一般以炖、贴、拌、氽汤做菜。

（五）鱿鱼

鱿鱼学名枪乌贼，亦称柔鱼，为海洋动物。我国台湾、广东、福建、浙江、江苏、辽宁、山东均产。名产品有九龙吊片和汕头鱿鱼等。前者大小如手掌，肉薄透淡红，后者肉质肥厚，体形狭长平直。朝鲜、日本、越南等国均有出产。鱿鱼体内含赤、黄、橙等色素，在水中能随环境的变化而变化。腹部为筒形，头部生有八只软足和两只特别长的触手，通体除一个口腔外，只在背脊上有一条状如胶质的软骨。把鲜鱿鱼自腹部至头部剖开，挖去内脏，放入淡盐水中洗净，再以清水冲洗后晒干，待干燥到七八成时，放在木板上成方形，数层重叠略加压力，晒干后即成鱿鱼干。表面有“白霜”，色淡黄，肉肥厚质紧密有韧性，含蛋白质66.7%，脂肪7.4%及较多的无机盐和糖类，味道鲜美。食用方法：水发后可炒、爆、烩、烧、汆等。

（六）鱼肚

鱼肚为鱼鳔（即鱼的浮沉器官）的干制品。品种主要有黄唇肚、鮸鱼肚、鳗鱼肚、鮰鱼肚等。产区为浙江舟山、温州、宁德，福建厦门，海南岛、湛江等地。

黄唇肚又叫皇鱼肚、广肚，椭圆形，并带有两根胶条（长约20厘米，宽约1厘米），淡黄或金黄，有光泽，半透明，波纹明显，肚长约26厘米，宽约19厘米，厚约0.8厘米。为鱼肚中上品。

鮸鱼肚又叫毛常肚，片状，呈亚椭圆状，凸面状，凹面光滑。淡黄色，光润，半透明，长约22厘米，宽约17厘米。厚0.6厘米，肉厚大结实，品质较好。

鳗鱼肚呈圆筒形，细长，薄而空，两头尖，淡黄色，质软次。

鮰鱼肚，色白肉厚，宽大结实并有韧性，品质较高。

鱼肚可油发、水发回软。食用方法以炖、烧、烩、蒸、拌等为主。

（七）鲍鱼

鲍鱼是一种海产贝类软体动物，亦称石决明或大鲍。单壳，生活于低潮线下的浅海，以腹足吸附在岩礁上。捕捞后，将鲍鱼壳去掉，取其肉，加盐2%腌渍后，再煮熟，晒干或烘干即为干鲍鱼。如将新鲍鱼肉加工装入罐头，即成罐头鲍鱼。

鲍鱼种类很多，有紫鲍、盘鲍、吸鲍、马蹄鲍、栗子鲍、珠子鲍等品种，其中以紫鲍最优。我国产于辽宁旅顺、大连、山东烟台，广东。朝鲜、日本、美国、墨西哥均有出产。

鲍鱼干制品体干坚硬，椭圆形，紫红，肉饱满，含蛋白质40%，糖33.7%，无机盐7.9%，并含有维生素，是名贵的干货品种之一。食用方法：水发后红烧、扒、水、炖等。

（八）海参

海参又名海鼠，沙噀，属棘皮动物。体呈圆柱形，口在前端，口周围有触手，肛门在后端。海参经脱水加工后，即成为干制品。海参的生长区域很广阔，遍及世界各海洋。我国主要产于辽宁大连、广东、海南岛、西沙群岛、台湾等地。根据外形特征，海参基本可分刺参和光参两大类，其品种很多，质量也有较大差别。

1. 灰刺参。又称灰参，近圆柱形，背面长，有4~6行肉刺，灰黑色，肉细腻肥嫩、鲜美，含有蛋白质76.5%及脂肪、糖、维生素、无机盐等。涨发率最高，为海参中珍品，主要产于辽宁大连。

2. 梅花参。又叫凤梨参。体形最大，长筒形，体背生有大小不等的肉刺，形似梅花瓣，故名。肉厚实肥嫩、味鲜，涨发率高。产于海南岛、西沙群岛，为海参中名贵品种。

3. 方刺参。方柱形，细长，体棱长有四行肉刺，腹面有细小吸盘，灰黄色。肥壮平直，肉厚实，品质较好。产于广西北海等地，为上品海参。

4. 黄玉参。又名黄肉参、明玉参，两端钝圆，腹面平坦，背部疣状突起，上有小颗粒，形如秃刺。肉肥厚、鲜嫩，涨发率较高，较为名贵。

5. 大乌参。体大无刺，灰褐色，皮厚粗老，肉嫩厚实，涨发率高，为光参中上品。产于海南岛及南海诸岛。

6. 靴参。短粗宽大，圆筒形，体背有细小颗粒，背黑，腹白，肉微黄，鲜嫩，肥美。产于广西北海，海南岛和西沙群岛等。

7. 猪虫参。体略扁，两侧平坦，皮厚粗硬，表、肉均为黑色，肥润。产于海南岛等地。

8. 白石参。体长略扁圆，背有疣状，浅黑色，腹白似石灰质，腹有收缩。肉较厚实，产于西沙群岛。

9. 乌虫参。又名香参，圆柱形，两端略尖，皮细净，灰黑，腹浅棕色，体壮肉厚。产于广东宝安、海南岛等地。

10. 克参。又叫乌狗参，扁圆形，肉较厚实，粗细不均，皮面光滑，腹有小管足，黑色，产于海南岛。

海参营养丰富，有很高的食疗价值，补肾、补血、治溃疡，古代列为中八珍之一。食用时，经水发以扒、烧、烩、沙、汆等为最好，一般作筵席之头菜。

（九）鱼裙

鱼裙又称鳖裙、裙边干，即海鳖裙边肉干制品。主要产于海南岛、西沙群岛等。含胶质蛋白丰富，亦为海味珍品，但产量极小市场少见，食用以烧、烩为多。

（十）鱼皮

鱼皮是某些大型鱼类表皮的干制品。常见的有鲨鱼皮、鳐鱼皮等。主要出产于山东烟台，辽宁大连，江苏连云港、南通，浙江舟山，广东汕头，福建宁德等地。市场供应的一般有两种：一种为经过加工的半成品，即已去沙去腐肉，片薄，淡黄，光洁，呈半透明状。另一种为未加工的制品，未去沙，成品质硬而厚，表皮不平，布满沙粒，色泽鳐鱼皮呈黄褐色，鲨鱼皮呈灰黑或灰色。鱼皮经涨发加工后厚实糯软，富含胶质，醇厚味鲜，含丰富的蛋白质、脂肪、无机盐，为海味上品。食用方法：水发后烧、扒、烩最宜。

（十一）鱼唇

鱼唇是犁头鳐鱼嘴唇肉的干制品。产于广东汕头、湛江。鱼唇脆嫩，胶质丰富、味鲜，含有蛋白质61.8%及糖、灰分、脂肪等，为海味珍品。食用方法有汆、烧等。

（十二）鱼信

鱼信是鲨鱼脊骨髓的干制品。产于山东烟台，江苏连云港、启东，浙江舟山等地。鱼信色白、脆嫩，为名贵海味品。食用方法以汆汤、烩、烧为宜。

（十三）鱼骨

鱼骨又叫明骨、鱼脑，是鲨鱼头颈部软骨的干制品。产地与鱼信相同，其质脆嫩，味清香，颜色洁白，半透明，为名贵海味品。食用方法：可烩，也可作甜食。

（十四）鱼翅

鱼翅是鲨鱼、鳐鱼的鳍加工而成的干制品。

1. 鱼翅的产地。我国沿海均产，国外朝鲜、日本、美国、印尼、越南、泰国、菲律宾、澳大利亚等地区均产。

2. 鱼翅的分类。鱼翅的种类繁多，目前尚无一定的分类标准。为了便于掌握，据习惯可按部位、颜色、加工、形态、来源等几种方法分类。

按部位分主要有：①背翅，又叫脊翅劈刀（皮刀），翅多肥壮，宜作“排翅”整扒。②胸翅，又叫翼翅、上青，仅次于背翅，品质较好。③臀翅，又称小净翅，翅筋短而细，质次，只能作散翅用。④尾翅，又叫尾勾，翅筋细小，涨发率低，质量最次。

按颜色分主要有：①黄翅，又称黄肉翅，用犁头鳐鱼鳍加工的干制品，翅筋粗壮肥厚、明亮，为翅中上品，产于菲律宾吕宋岛的叫“吕宋黄”，产于澳大利亚新金山的叫“金山黄”，皆为上乘黄翅。食用方法以整扒或烧为宜。②灰翅，来源于灰鲨鳍加工干制而成，质量接近黄翅，产于我国南方暖海地区。③青翅，由大青鲨鱼鳍加工成干制品，翅根青黑色，质量较好，以产于日本的大青鲨鱼翅为优。④白翅，主要是由姥鲨鱼翅鳍干制而成，翅根颜色灰白，品质次于青鲨翅，产于江苏盐城、连云港，辽宁大连等地。⑤黑翅，翅根薄而黑色，翅筋较少，品质较次。产于北方沿海地区。⑥混色翅，翅根颜色混杂不一，根薄，翅筋瘦细，品质较劣，产于北方沿海地区。

按加工分主要有：①咸翅，鲨鱼鳍加工时先用盐水浸后晒干，翅根黑褐色、坚硬、不透明，翅筋细瘦，涨发率低，产于北方沿海地区。②淡翅，大都用石灰水浸泡，然后晒干，翅板为黄灰色、青色，一般肉厚板大，翅筋较肥，品质较高，主要产于南方沿海各地区。

按形态分主要有：①排翅，用鲨、鳐背鳍、胸鳍半涨发去沙、皮、腐肉加工而成，品质同脊翅、胸翅。②散翅，用臀、尾鳍涨发去沙、皮、肉加工而成，品质同臀翅、尾翅。③翅饼，鲨、鳐鱼鳍完全涨发后的翅筋经围绕形似饼状，其特点无沙、纯净，上笼蒸发即可烹调。④翅针，翅板经涨发后，去肉、沙、腐肉，纯鱼翅筋晒干后形似针状，故叫翅针，色金黄，明亮。

此外，还有按鱼翅来源分类的，如鲨鱼鳍干制的称鲨鱼翅，鳐鱼鳍干制的称鳐鱼翅。鲨鱼翅根据品种又有虎皮鲨鱼翅、锯齿鲨鱼翅等。

3. 鱼翅的特点。鱼翅针颜色金黄、明亮、糯软、富于韧性。含有胶质；味清淡、醇口、略带鲜味。含蛋白质很高，可达83.5%，还含有丰富的无机盐等，为海味珍品。食用时经水煮泡焖加工后最宜扒、烧以及填入鸡腹、鸭腹蒸食。

（十五）燕窝

燕窝又名燕菜，是海岛上的一种金丝燕巢的干制品。主要产于我国南方沿海及东南亚各国。金丝燕上体羽毛黑色或褐色，有时带蓝色光泽。下体毛灰白色，翼尖而长。喜群栖，食虫鱼海藻，巢筑于海岛崖处。燕巢较小，约为大陆燕巢的1/7。燕巢是金丝燕吃食后经消化腺分泌出来的粘状物垒筑而成。颜色有白色、灰白色、血红色不等。品种多，质量优劣差异大。根据颜色区别有：

1. 白燕。又称官燕，颜色洁白，半透明，窝碗宽厚，无杂毛，品质优良。

2. 毛燕。窝口较小，棱条细嫩，夹杂绒毛，品质较次

3. 血燕。窝碗薄而细小，血红颜色，品质亦较次。

根据产地品种有：

1. 龙牙燕。窝碗圆度小，口敞，碗壁宽长，内壁有网线，脚跟有坠角，白色，产于印度尼西亚海岛，品质优良。

2. 暹罗燕。窝碗圆大，壁厚而实，肉壁网线少，脚根小，坠角不显著，碗白微黄，产于泰国暹罗湾海岛，品质较高。

3. 建巴什燕。窝碗口厚大，肉壁有网线，灰白色，产于福建、广东、海南岛，品质较高。

4. 马陈燕。特点参见建巴什燕，产于马来西亚。

燕窝是海味中的珍品，价格昂贵，营养丰富，含蛋白质49.85%、糖类30.55%、灰分6.18%、钙0.429%、磷0.3%、铁

0.0049%。有滋阴补肾、生精益血、强胃健脾、补血不燥的功效。口味清鲜爽脆，历代作为宫廷御用珍馔。

燕窝的食用方法，一般水发膨胀后清蒸或做甜汤、清汤。

第三节　植物性干货品种

一、陆生蔬果类

（一）白果

白果即银杏树果实的干制品，为我国特产，以江苏泰兴产最多。白果涨发后肉质软嫩，色淡黄，味甘微苦、清香。含蛋白质、脂肪、磷、钙、铁等无机盐和维生素。有微毒，不宜生食。能化痰止咳。食用方法有炒、炸、蒸、拔丝、蜜汁、甜汤等。

（二）莲籽

莲籽又名香莲，荷藕果实干制品。主要产于湖南湘江、福建等地。莲籽粒圆丰满，煮熟后酥烂，清香味甘，含有蛋白质、脂肪、糖、无机盐，维生素等营养素，有滋补身体之功效。其中白莲个大而圆，肉嫩，又称湘莲，为上品。红莲质老，略椭圆形，营养口味均不及湘莲。莲籽干品质硬，需用碱水涨发，食用方法：蒸、炖、焖，以甜食为宜。

（三）苔干菜

苔干菜地方名苔菜干，为江苏睢宁县、邳州市特产。每年9~12月出产，是一种像莴苣的蔬菜，呈碧绿色，细长条形，脆嫩滑爽，清香鲜美，用其茎，除去老皮，划成三棱细条，晒干即为干品。苔干菜含有丰富的无机盐、维生素等。制作方法以水泡发回软后，可凉拌、炒、作甜菜等食用。

（四）黄花菜

黄花菜又名金针菜，是多年生宿根植物萱草开花前花蕾的干制品。我国各地均有出产，以湖南、山东等地产量最多，以江苏宿迁、河南淮阳产质量较优。

黄花菜晒干后金黄、形似金针、花朵肥厚，含有胡萝卜素、核黄素、铁、磷、钙等营养物质，食用价值较高，为蔬菜中之上品，经水发后炒、烩、烧均可，食之软嫩，味清香。

（五）笋干

笋干即每年3、4月间出土的毛竹笋干制品，我国南方以浙江温州产量最多，以杭州产质最好。笋干一般体较大，质较差，笋尖部黄白色，质较嫩，味鲜，根部纤维老，多为木质。含有蛋白质、少量脂肪、无机盐、维生素等营养素。可单独用烧、炝等方法制成菜肴，还可做其他菜肴之配料。

（六）笔杆笋

笔杆笋由春天雨后的嫩青竹笋晾干制成。四川、安徽盛产。此笋细如笔杆，含有蛋白质、维生素、无机盐等营养素。水发后质嫩、脆，主要用作配料。

（七）玉兰片

玉兰片又名玉兰笋，是最嫩的毛竹笋的干制品，形似玉兰花瓣，故名。主要产于浙江、福建、湖南、湖北等地。玉兰片因干制时间不同，分为冬片、桃片、春片三种。

1. 冬片。立冬至立春未出土毛竹笋干制品，纤维细嫩，肉厚，脆而味鲜，洁白，为玉兰片中上品。

2. 桃片。立春至清明刚出土毛竹嫩笋干制而成，纤维较细、嫩脆、节较稀疏，质量仅次于冬片。

3. 春片。清明至谷雨生长的毛竹嫩笋干制而成，纤维较粗，淡黄，脆、片大、肉薄节疏，质量次于桃片。

玉兰片食用价值较高，含有丰富的蛋白质、无机盐，维生素，为干笋中上品。在烹饪中使用广泛，用水发后多作精细菜肴的配料，如烩、烧、炒等。

二、陆生藻类和菌类

（一）发菜

发菜地方名西宁毛，陆生褐色藻类。产于甘肃兰州、青海西宁、宁夏、陕西、内蒙古。藻体细长，绿黑色，呈毛发状，故名发菜，鲜品质脆嫩滑，干品柔软爽滑。含蛋白质、钙、铁、磷、营养丰富，是我国名贵特产。

发菜是一种特殊的低级隐花藻类植物，结构简单，由多数单细胞个体埋没于胶状物质中而形成，喜湿怕热，便于脱水，易于回潮。水发后适宜氽汤、绘、烧、凉拌、炒等。

（二）草菇

草菇是生长在烂草上的一种菌类磨菇。呈黑色，菌体鸡心形，肉肥厚鲜嫩，营养极高。现各地均有人工培植，富含脂肪、蛋白质、无机盐、维生素，并含抗癌物质，食用价值不亚于香菇。主要食用方法有烧、烩、蒸、炒等。

（二）黑木耳

黑木耳又叫木耳，是寄生于枯木上的一种菌类，现各地均有培育，以湖北房县产量最多。鲜品菌体如耳，黑褐色，脆嫩，味鲜。干品含有蛋白质10.6%，糖65.5%，铁、磷和核黄素、抗坏血酸也很丰富，有补血、清胃、涤肠、镇静和抗肿瘤活性之功效，食用时多作配料，可炒、烩、烧、氽汤等。

（四）银耳

银耳又称白木耳，白色真菌类。产地以四川、湖北、福建、云南等为主，现各地均有人工培育。银耳干品淡黄，水发后洁白，菌体形似花朵半透明，脆嫩，滑爽，含有蛋白质、脂肪、糖、钙、铁、磷、维生素 B_2、B_{12}维生素 D 及胡萝卜素等，并富含胶质，蛋白质中氨基酸有 17 种之多。

银耳是一种名贵的滋补品，具有补肾、生津、提神、润肺、益气、健脑、嫩肤及消除肌肉疲劳的功能。经水发后可炒、凉拌、炖、烩等，尤以甜菜为最佳。

（五）黄耳

黄耳又名金耳、桂花耳、云耳，是生长于红梨楠木上的菌类，产量少，为云南省丽江地区特产。水发后形如桂花，质脆、鲜美，亦属珍贵菌类。食用方法同木耳。

（六）香菇

香菇又称香蕈，蘑菇菌类的一种。主要产于浙江、福建、江西、安徽、湖北等山村地区，其中以福建产质最佳。

香菇菌体似伞形，肉肥厚，色灰黑，糯软鲜香。香菇营养价值很高，干制品含有蛋白质 16.2%，糖 60.2%和磷、铁、钙、核黄素等。有加强神经系统功能和降压作用，为优良的食用菌。

香菇因生长在立冬至来年清明前，故又称冬菇。品种有冬花菇、冬厚菇、冬薄菇等。鲜食、干制均可。干制品涨发率局。香菇含有大量的黑色素，故白色的“芙蓉”菜不宜搭配。水发后的香菇主要用作配料，烧、烩、蒸，亦可单独制菜如“卤香菇”。

（七）口蘑

口蘑即白蘑，是生长在陈腐牛、羊骨堆上的一种菌类，秋季每逢雨后即生，因多产于内蒙古、张家口等地而得名。现各地均有人工培育。鲜口蘑菌体扁圆，色白，干品灰黄色，肉质肥嫩，清香味鲜，干制后香味更浓。鲜蘑含蛋白质 35.6%、脂肪 14%，以及糖、钾、磷、钙、核黄素、抗坏血酸等物质。因蛋白质含量高，肉质鲜嫩，故有“植物肉”之称，是优质的食用菌。干制品水发后用于较高档菜肴配料、主料，如烩口蘑、卤口蘑、软炸口蘑。在医药上口蘑对急慢性肝炎有治疗作用，被称为健康食品。

（八）猴头蘑

猴头蘑即猴头菇，是生长在树杈间的一种菌类，体表生有棕黄色细毛，形如猴头，故称猴头菇。又因在树杈间相对而生，故又名阴阳蘑、鸳鸯蘑，主要产于东北、云南、河南等地。现也可人工培育。

猴头蘑是一种大型肉质真菌，鲜品有脸盆那样大，最大者重量约有 10 千克，干制后一般有碗口大。肉质脆嫩，味淡清香，是名贵的山珍之一。在医药上能助消化，利五脏，有防癌、治癌、治胃溃疡、慢性胃炎等功效，烹饪中适于烩、扒、烧等，制作的菜肴有特殊的风味。

（九）竹荪

竹荪又称竹参、竹鸡、僧兰蕈。腹菌的一种。主要产于我国西南山区，以云南昭通地区为最多，目前已能人工栽培。

竹荪菌柄呈纺锤体，雪白海绵状，基部白色或粉红并点缀着紫色斑块，头部是浓绿的帽状菌盖，整个菌体鲜艳美观，故称“菌中之花”，是世界著名的食用菌菇之一。含蛋白质 20%，粗脂肪 26%，糖 38.1%，以及十多种氨基酸、高分子糖和多种酶，营养极高，其风味之鲜美，冠于诸菌，用以烹制肴馔，宜荤宜素。烧、炒、焖、扒、酿、烩、涮，乃至作汤，无不适宜，在食疗方面有减少血液中的胆固醇含量，预防高血压、冠心病、肿瘤等功效。

（十）鸡㙡

鸡㙡属蚁菌科真菌，又称鸡㙡菌，是野生菌类中的珍品。分布较广，四川、福建、台湾、云南等地均出产。鸡㙡因发育程度和生长环境不同，根据菌盖色泽的不同有白皮鸡㙡、黄皮鸡㙡、青鸡㙡、黄草鸡㙡等，在农历五月下旬到五月初出产最多。鸡㙡体肥大、肉厚味鲜美，营养价值很高，历来是有名的山珍，在宋代已被列为难得的“仙品”，明代已进入宫廷皇家的食馔，鲜品有脆、嫩、香、鲜、甜等特点，适宜炒、炖、煮、焖、尤以烧汤为最美，可做鸡㙡全席。

三、海藻类

（一）海带又名昆布、江白菜。褐藻类植物，藻体褐色，一般长2~4 米，最长达 7 米，可分固着器、柄部和叶片三部分。固着器叉形分枝，用以附着海底岩石；柄部短粗，圆柱形；叶片狭长，带形。生长于水温较低的海中，分布于我国北部沿海及朝鲜、日本和苏联太平洋地区沿岸。我国北部及东南沿海有大量人工养殖。主要产于山东烟台，辽宁大连，浙江舟山、台州，福建莆田、宁德，江苏连云港、启东等地。

海带质脆滑爽，味鲜营养丰富，含有蛋白质 8.2%，糖 57%，粗纤维 9.8%，无机盐 12.9%，并含有大量的碘、甘露醇、烟酸等，能医治和防止甲状腺肿大，降低血中胆固醇，防癞皮病，肝脏病。食用方法：水发后炒、烧肉、凉拌、煮汤均可。

（二）海白菜

海白菜属绿藻类植物，主要产于山东烟台等地。海白菜叶宽肉厚，碧绿色，藻鲜味香。每 100 克含有蛋白质 11.2 克，糖类31.3 克，营养较高。食用方法：水发后做汤菜最宜。

（三）石花菜

石花菜是海产红藻之一，生长于中潮或低潮带的岩石上。我国山东、辽宁、广东等地沿海以及日本、朝鲜均产。石花菜呈漆黄色，形似细松枝，质脆嫩，含有大量糖类，可达 70%左右，含蛋白质少量。食用方法可凉拌、酱腌，又是加工琼脂的原料。

（四）琼脂

琼脂又名洋菜、冻粉、琼胶、洋粉，产于山东青岛、辽宁大连、广东汕头、海南岛等。

琼脂由海产石花菜、鸡毛菜加工制成，有条状或片状，饮食业常用前者。其色白光亮，质较佳。琼脂含糖可达73.4%。加热熔化后冷却呈冻状，可作冻菜，如冻鸡、西瓜冻等。也可凉拌食用。

（五）紫菜

紫菜属海产红藻类植物，生长于浅海岩石上，主要产地有山东青岛、烟台，福建宁德、蒲田，江苏启东等地。

鲜紫菜叶较宽大，经干制呈长方块形，散片状，卷筒形。其中卷筒形是嫩紫菜加工，品质最优，俗称“鼠尾菜”，产于江苏吕泗。紫菜柔嫩微脆、叶薄、色紫、清香鲜美。含有蛋白质24.7%、糖31.2%，碘、钙、铁、磷也很丰富。营养价值较高，为海藻上品，适用于凉拌，氽汤或作馅心等。

第四节 干货制品的品质检验与保管

一、检验干货制品的基本标准

干货原料的品种来源广泛，其品质各异，加之干制的方法不同，以及在储藏、保管、运输过程中，由于外界条件的影响，干货原料的原有品质也会发生变化，因此，对干货制品的品质检验应以其共同的基本特点，以及它们必须具备的基本要求，作为鉴别干货品质的标准。

1. 干爽不霉烂。这是衡量干货原料质量的首要标准。干货原料由于久藏或保管不善，会吸收空气中的水分而回潮发软。干货原料吸湿后即易发霉，甚至腐烂变质。如由植物花蕾晒制的金针菜就特别容易吸收水分后发生霉烂。又如绿笋因久藏吸湿而易发霉变黑。因此，干货原料越干爽，无霉烂现象，质量就越好。

2. 整齐均匀完整。这也是衡量干货质量的一个重要标准。同一种干货原料往往因干制时选料要求、加工方法以及保管运输情况的不同，而在其外观上产生较大的差别。干货越整齐、越均匀、越完整，其质量就越好。如干贝颗粒均匀、不碎，质量就好；个体大小不一，质量就差。

3. 无虫蛀杂质，保持规定的色泽。干货在保管中，如果由于保管条件不好而发生虫蛀、鼠咬或混入杂物，质量就会降低。干货在加工中没有清除杂质或不能完全清除，其质量也就较差。如燕窝夹有杂毛，毛多者质量就差。另外每一种干货都有一定的色泽，一旦色泽改变，也说明其品质发生了变化。再如动物性干料中的鲍鱼、蹄筋、开洋等保管不善，受潮会导致霉菌感染会变味。因此，干货原料不变味、变色，质量就好。

二、几种主要干货制品的质量标准

1. 肉皮。肉皮的使用因不同的部位而有差别，猪后腿皮(臀皮)、背皮，皮细坚实光滑，质量最好；颈皮、奶脯皮，皮质僵硬，不易涨发，质量最差。此外作为干肉皮，无论什么部位，体表洁净无毛，白亮而无残余肥膘，无虫蛀，干爽敲击时声音清脆，质量均为好，反之均属质量差，如已发霉，并有哈喇味，即已变质。

2. 玉兰片，以色泽黄白，质嫩洁净，肉厚，纤维少，节较密，体长不超过 1~17 厘米的为好；肉薄节疏，纤维多而粗、老的质较差。从其生产的季节来看，玉兰片有冬片、桃片、春片三种，以冬片为最好。

3. 黄花菜。以色金黄，花蕾紧实似针状，干爽柔软，清香，无霉味的为优；如颜色灰暗，变黑，手搓有硬感的质较差或已变质。

4. 黑木耳。根据生产季节的不同，质量以伏耳为好，其次为春耳和秋耳。另外，黑木耳的品质一般以朵形大而完整，耳瓣舒展少卷曲，肉厚黑，富于光泽，体干不霉，无杂质和碎屑者为优；反之，质较差。

5. 银耳。主要看朵的大小，色泽及根的重量。色黄，鲜洁发亮，朵大，形似绣球花，无斑点杂色，无碎渣，带有韧性者质好。银耳根轻的易酥，口味柔软，质较好；根重的不易酥烂，质就较差。银耳还有生货与熟货之分，其质量无大差别，只是在色泽上生货较熟货为暗。

6. 香菇。一般以体圆，齐正，质干脆而不碎者为好。因其种类较多，各品种质量又有差别。形状如伞，菇伞顶面上有似菊花一样的白色裂纹，色泽褐黄光润，身干，朵小柄短，质嫩，肉厚，有芳香气味，即为质好的香菇，称为花菇。形状如伞，顶面无花纹，呈栗色并略有光泽，质嫩，肉厚，朵稍大，质量稍差，俗称为厚菇。朵大，肉薄，色浅褐，平顶，味不浓，则更差，称为薄菇。

7. 蹄筋。首先从蹄筋制抽部位区别，后蹄筋体长而圆，粗壮光滑品质好。前蹄筋体短而扁细，品质较差。保管完好的蹄筋应呈白色，无虫蛀，无杂毛，干硬度高。

8. 干贝。上等的干贝粒大完整，呈圆柱形，黄亮，干燥；粒小破碎，色淡，无光泽者质较差；破碎，发黑，发霉为变质品。

9. 鱿鱼。鱿鱼品质复杂，淡黄色为嫩鱿鱼，棕红色为老鱿鱼。总之，身干体厚，肉质细紧，表皮平滑光亮，体形完整，无斑点霉味的都是质量较好的鱿鱼。

10. 鱼皮。需观察鱼皮的表、里两面，里面（即无沙的一面）主要看其上面是否除去鱼的残肉，以色泽透明洁白为好。如色灰暗，即属咸性，不易发烂。若里面泛红色，即已变质腐烂，称为油皮。带沙的一面，以色泽光润、呈灰黄、青黑色或纯黑色为质好，沙粒易除。有沙斑者质量较差，沙粒难除。还有一种鱼皮，沙粒已在产地除净，以洁白透明者为佳。

11. 鱼肚。品种不同，颜色黄、白各异，对其鉴别，除掌握各种鱼肚特点外，一般鉴别标准以片大整齐，肚厚，身干，光洁明亮，无蛀虫腐蚀者品质好；灰暗，肉薄，体小为质次。产品蛀虫，颜色发黑变霉为变质品。

12. 海参。品种极多，质量各不相同，但无论是何品种，其品质的好坏主要以体形的大小，肉质的厚薄及体内有无沙粒来鉴别。体形大、肉质厚，体内无沙粒者为上品；体形小，肉质薄，原体没有剖开、体内有沙粒的较差。

13. 鱼翅。鱼翅品质的优劣。除受其来源和品种的不同而影响外，一般以外表无疵点或疵点少、体大干爽、质坚者为优。其内部质量应从以下几方面来鉴定：

（1）弓线包。弓线包指鱼翅中的细长芒骨，其不能食用，必须除去，芒骨越多，质量越差。有弓线包的翅体多呈黑混色，翅筋细软，出率较低。

（2）石灰筋。翅板中夹有白色状如石灰的物质，坚硬，食之不陡下咽者称为石灰筋。有石灰筋的翅板较大，色灰白，翅筋粗糙，一般不宜食用。

（3）熏板。熏板是鱼翅脱水时因受多雨或冬季低温影响，无法自然晒干采用炭火焙干所造成。熏板质地坚硬，色泽灰暗，水发时不易褪沙粒。

(4) 油根。油根是鱼翅在产地干制不及时以及保管不善，翅板刀割处的残肉发生腐烂，影响翅根变质的一种现象。特征为鱼翅根部呈紫红色并有似干未干的油滴出现，腥臭异常，必须切除方可涨发食用。

(5) 夹沙。夹沙是在捕获鲨鱼时不慎碰破外皮，使沙粒陷入翅的内部而造成的。夹沙的鱼翅干制品翅板不平，皱纹深陷，涨发时很难去沙，只能作散翅用，品质较差，浪费亦很大。

14. 燕窝。以体大窝厚、洁白、透明、毛少者为优；相反，体小窝薄，灰暗有斑，多毛的品质较差。

15. 熊掌。以体小短圆的前掌质量高，体长而大的后掌质量低。此外，掌干质硬，毛黑有光，无虫蛀损伤，无腐臭气味均属保管较好的熊掌。

三、干货制品的保管要求

干货制品不同于新鲜原料，其特点是含水量较低，一般含水量只控制在10%~15%之间，故能延缓保管时间。但是，如果保管不当，也会使干货制品受潮、发霉、变色，影响或丧失其食用价值。

烹饪原料经过干制加工，失去大量水分，一方面使原来的鲜嫩质地变硬，另一方面又使原来的细密组织变得多孔，加之所含干物质中的糖、蛋白质等许多吸湿成分，使其又具有强烈的吸湿性。一旦空气相对湿度过高，干货制品会很快因吸湿回潮感染霉菌。有的经过熏硫、浸硫的干货制品（如玉兰片）也会因吸湿受潮而降低了二氧化硫的浓度（俗称走黄），使防腐性能减退，并生霉变质。

为了确保干货制品的质量，应掌握如下保管要求：

1. 干货储存的库房应通风、透气、干燥、凉爽。这是保管好干制品的基本条件。低温通风能避免干货生虫，低温干燥能防止干货受潮发霉、腐败。

2. 架空存放干制品，严禁接触地面。如干货接触地面，地面湿度必然会影响其干燥。储存的时间愈长，干货制品吸潮越严重，即产生由硬变软，由软变霉烂的现象。所以要求悬挂空中，或储存于干货架上。

3. 单独保藏，防止各种气味互相混合，影响食用。如海味动物性原料都有海腥味，因而不能与其他陆生干料混合保藏。再如陆生动物性干料大都含有较重膻味或油脂气味，因此也不能与植物性干料混合保藏。合理的储存方法应将各种原料分别进行保管，既符合卫生，又保证干货品质的质量要求。

4. 要有良好的包装和防腐设备。干货原料常用的包装物，一般为木桶、木箱、纸箱（盒）等。为进一步防潮，在包装箱或盒内垫防潮纸或塑料纸。既防潮又密封，其效果较好。

5. 利用石灰、明矾、亚硫酸氢钙等干燥剂和防霉防腐剂保藏干货制品。如玉兰片、干竹笋、银鱼干、海参等的保藏，干燥效果好，不易变质。

6. 勤晒勤检查。在连续阴雨或库房湿度增高的情况下，应常将干货放置阳光下曝晒，以保持制品干燥、防止变质。另外，因干货原有品质不一致，即使同一类干货其耐储性能也有差别，必须做到勤检查，一旦发现有变质的干货，应及时清除，防止相互传染，造成不必要的损失。

思考题

1. 什么是干货？干货制品干制的原理是什么？有哪几种干制方法？阐述其过程。

2. 干货制品有什么特点，在烹饪中有什么重要作用？

3. 干货制品分为哪几类？按每类列表写出它们的主要品种以及来源、产地、特点和适宜的烹调方法。

4. 什么叫鱼翅？根据颜色，部位划分有哪些品种？质量如何？

5. 我国产的海参有哪些品种？特点如何？

6. 玉兰片中的春片、桃片、冬片是怎样划分的？如何区别？

7. 检验干货品质的标准是什么？

8. 干货制品在保管中应注意哪些问题？

第八章　果　品

第一节　概　述

果品是人工栽培的木本和草本植物的果实及其加工制品等一类烹饪原料的统称。我国果树的栽培和果品的运用已有悠久的历史，果品已成为人们日常生活中一种需要量大、营养丰富的重要副食品。

一、果品的组织结构

果品为高等植物的可食用果实，不同的果实品种与其组织结构有密切联系。

（一）果实的形成

果树在传粉受精后，花的各部一般都凋谢枯萎，只有胚珠和子房继续发育成为果实。胚珠和子房长大而形成的果实叫真果，如桃、柑橘等，由花的其他部分与子房一起形成的果实叫假果，如梨、苹果等。

果实的构造比较简单，通常由果皮和种子组成。果皮则有三层不同的组织组成，即外果皮、中果皮和内果皮。

外果皮即果实最外层的表皮，一般很薄，有角质层和皮孔，与中果皮有明显的差别，不同果实的外表皮有较大的不同，有的外面有蜡质和果粉，如葡萄，有的表皮有绒毛，如桃、杏。

中果皮又称果肉，是果皮的最大部分，在结构上变化最大，有的完全由薄壁组织构成，富含糖分和汁液，为主要的食用部分，如桃、杏、苹果等，有的纤维发达，汁液少，味苦涩而不能食用，如核桃（其食用部分为种子）。

内果皮与种子接近，构造也有变化，有的变成种子的硬壳。如桃、杏、椰子等，有的则生长为肉质的囊状物，成为食用部分，如柑橘、柚子等。

果实的种子部分一般由种皮和胚构成，种皮通常只有一层，有的则有两层，称为外种皮和内种皮。外种皮坚而厚，具有各种色泽或有花纹与附有绒毛；内种皮一般薄而柔软，紧附胚、胚即果仁，通常由胚芽、胚轴、胚根和子叶构成。富含各种营养成分可供食用。但以胚为食用部分的果品，其果皮一般不能食用。

（二）果实的种类

各种果实的构造和食用部分很不一样，根据果实构造的特点，果实一般可分七大类。

1. 仁果类。主要有苹果、梨、海棠、沙果、山楂等。这类果实由花托和萼筒部分发育而成，果实的中心部分可转化为果心，是由子房壁发育而成，里面含有种子、籽粒较多，食用部分为中果皮。

2. 核果类。主要有桃、李、杏、樱桃、杨梅、橄榄、枣等。这类果实由子房发育而成，食用部分是中果皮。内果皮成为包在外面的坚实果核。

3. 浆果类。主要有葡萄、猕猴桃、香蕉、杨桃、柿子、龙眼、荔枝、石榴等。这类果实的食用部分，因柔软多浆液，故称浆果，种子包含在食用部分内。

4. 柑橘类。主要有柑橘、金柑、柚子、柠檬等，这类果实由子房发育而成，外果皮和中果皮界限不明显，内果皮的内侧生长许多肉质化的囊状物，称作沙囊，富含浆液，为主要食用部分。

5. 坚果类。主要有核桃、栗子、榛子、银杏等。这类果实外面有坚硬的壳，里面有果仁，为食用部分。

6. 复果类。主要有菠萝、草莓、树莓等，这类果实由整个花序发育而成，花托、子房、肉质为食用部分。

7. 瓜果类。又称瓠果，果实由花托、外果皮、中果皮、内果皮、胎座、种子构成，可食部主要为中、内果皮及胎座。常见品种有西瓜、甜瓜、哈密瓜、白兰瓜等。

二、果品的主要化学成分

果品一般都具有本身固有的色泽和不同的风味特色及食用价值，由它们所含有的各种化学成分决定。对果品中各种化学成分的了解，有助于我们认识果实的营养价值，也有助于对其品质的检验和储藏保管。

（一）水

任何一种果品都含有水。水在果品中的存在不是孤立的，它与糖、有机酸、果胶、无机盐、色素等可溶性物质结合在一起，存在于细胞与细胞之间，并多数显得很不稳定。

果品中含水量最多的是水果和瓜类，大约在70%～90%之间，如西瓜、草莓、柑橘、桃、李、杏等，含水量最小的是苹果，一般在20%以下，果干、蜜饯与果脯的水分也较少。

果品的含水量越多，肉质越嫩，越新鲜；含水量越少，肉质越老，有的鲜果容易萎蔫，影响色泽，

（二）糖

糖是果品的主要营养成分，除蜜饯和果脯在加工时人为地增加糖量以外，一般果品的含糖量在10%～15%之间，少数果品如枣、香蕉、山楂等含糖量在20%以上。果实充分成熟时含糖量达到最高峰。

糖在果品的组织生理过程中，具有重要作用，果品中普遍存在的有蔗糖、果糖、葡萄糖。糖是果品甜味的主要来源，其甜度同糖的种类结构有密切的关系，不同种类的果品含糖的种类也不同，仁果类的苹果、梨含果糖较多，核果类的桃、李、杏含蔗糖较多，浆果类的葡萄糖较多，但这三类的甜味都有差别。影响果品的甜味度，除与果品中自身含糖量和糖的种类有关，还受到果品中有机酸、单宁等其他物质的影响，所以评定果品味的好坏通常决定于果实中糖和酸的比例，常以糖与酸的比值来表示，糖酸比值大的口味甜，同一类不同品种的果品糖酸亦不相同，所以甜酸味差别也较大。

（三）有机酸

果品中的有机酸主要有苹果酸、柠檬酸、酒石酸三种，是影响果品风味的一种重要果品酸味的主要来源，所以又称为果酸，有机酸的存在与果品的种类有关，柑橘类果实含柠檬酸，葡萄含酒石酸，而大多数果品则含苹果酸。

有机酸在果品中的存在量较少，除部分水果中的柠檬酸可达5%～6%以外，多数果品的含酸平均量大约只有0.1%～0.5%。

（四）淀粉

成熟的果实中一般不含淀粉或仅含少量淀粉，未成熟的香蕉和晚熟种的苹果在采收时尚含有淀粉，不过在储藏的过程中，淀粉也会在酶的作用下转换成糖。

淀粉遇到碘溶液会生成蓝色，可以使它来作为判断采收果实成熟度的参考。

（五）纤维素

纤维素是与淀粉相似的多糖类物质，不溶于水，是构成果实细胞壁和输导组织的主要成分，在果实的表皮细胞中纤维素又常与木质果胶等结合成为复合纤维素，对果实起到保护作用。

果品中含纤维素的多少，会直接影响果品的品质，如纤维素太多或较粗，食用时就感觉粗老，含纤维素较多的果品主要有梨、桃、柿、枣、杏等。例如梨含有多量的石细胞，质地就变得比较粗，石细胞就是由含纤维和半纤维素束的细小厚壁细胞聚集而成的。

人体内消化道中，没有促使纤维素消化的酶，因此，吃水果以后，其中纤维素不能被消化吸收，但它能促进肠的蠕动、刺激消化腺的分泌，起着间接帮助消化的作用，自然界中许多霉菌含有分解纤维的酶，所以被微生物污染而腐烂的果实，往往呈软烂松散的状态。

（六）果胶物质

果胶物质是植物组织中普遍存在的多糖化合物，也是构成细胞壁的主要成分，它为原果胶、果胶和果胶酸三种不同的形态存在于果实组织中（主要水果），各种形态的果胶物质有不同的特征。

原果胶大都存在于未成熟的果实中，它不溶于水，与纤维素一起将细胞与细胞紧紧地结合起来，使果实显得坚实脆硬，随着果实的成熟，原果胶在果实中原果胶酶的作用下水解成为果胶。

果胶是溶于水的物质，存在于成熟的果实中，它与纤维分离后进入果实细胞中，细胞之间结合便松弛，果实变得柔软，当果实进一步成熟时，果胶继续在果实中果胶酶的作用下分解成为果胶酸。

果胶酸存在于进一步成熟乃至熟透的果实中，由于果胶酸是果胶酶作用下的水解产物，没有粘胶力，因此，含果胶酸物质高的，果实松散，呈水烂状态，有的变绵，俗称返砂，不易储藏。

（七）单宁物质

许多果实中含单宁物质，它是几种多酸类化合物的总称，溶于水，有涩味。单宁含量低的果品使人感到有清凉味，若含量高就不堪食用。柿子含单宁量高，每100克果肉含有0.5~2克，故涩味很强，一般果实含单宁约0.2%~0.3%。

单宁物质在果实中多酚氧化酶的作用下，能氧化生成一种深褐色的物质，称为根皮鞣红。所以含有单宁物质的果实在切开后不久便会变色，如梨、苹果等。果肉变色的过程与单宁含量的多少有关系，也和果肉中酶的活动状态有关系。抑制果肉中酶的活性，就可以控制果肉变色。

单宁与铁器接触容易变色，所以用刀切开果实后常变色。

（八）糖苷

糖苷是糖与醇、醛、酚、单宁酸、含硫或含氮化合物等构成的脂态化合物。在酶或酸的作用下，可水解成糖和苷配基。

果实中存在着各种苷，大多数都具有果味，有一部分含有剧毒，在果品中值得重视的是杏仁苷，它存在于桃、杏、樱桃等核果肉及种仁中，而以苦杏仁中含量最多。含苦杏仁苷约3.7%，苦杏仁苷在酶的作用下分解生成苯甲醛，表现出桃、杏等果实特有的芳香，同时也产生出有剧毒的氢氰酸，因此，多吃苦杏仁会中毒。

（九）含氮物质

水果中存在的含氮物质，主要是蛋白质，其次是游离的氨基酸。水果中存在的含氮物质很少，一般的含量在0.2%~1.2%，而核桃仁、杏仁中高达15%~20%。游离氨基酸的存在对果品的品质有一定的影响，如在储藏新鲜水果中，由于温度过高过低，经常可以出现果实中心部位变黑的一种生理病害。这是由于果实本身存在酪氨酸在酶的作用下产生黑色素的结果。此外，由于氨基酸与糖作用结果，常常使加工的果品发生变色（变红、变褐、变黑）尤其在高温情况下更加厉害。

（十）色素

各种果实均有不同的颜色，它们都是由多种色素混合而成的，也是由于所含色素数量的差异，以及它们之间的相互影响结果。另外，果实生长条件的改变或成熟度的变化，色泽也会随之变化。这些色素一类是水溶性色素，如花青色素、花黄色素，另一类是非水溶性色素，如叶绿素、胡萝卜素等。

1. 叶绿素。果皮所表现的绿色，就是细胞内存在大量叶绿素的缘故。叶绿素不溶于水，随着果实成熟，叶绿素在酶的作用下能水解生成叶绿醇和叶绿酸盐等溶于水的物质，其绿色就逐渐消退，而显出黄色或橙色。这个变化称为果实底色变化，因此，可用来判断果实的成熟度。叶绿素在氧的作用下和阳光照射下，很容易遭受破坏。

2. 类胡萝卜素。绿色果实中还含有类胡萝卜素，在叶绿素被分解以后，这些色素便能显示出它的颜色来。类胡萝卜素是胡萝卜素、叶黄素、番茄红素的总称。它们的颜色从黄到橙，属于非水溶性色素。果实中的杏、黄肉桃表现的橙黄色，都是类胡萝卜素显现出来的颜色。

3. 花青色素和花黄色素。花青色素能溶于水，呈溶液状态存在于果皮或果肉中，是果实显现红色、紫色的原因。在不同pH值中，花青素显现出不同的颜色，一般在酸性的条件下为红色或橙红色，而在碱性条件下为蓝色或绿色，在中性条件下显现为紫色，果实中花青色素的形成与太阳照射有关，往往是随着果实的成熟，叶绿素逐渐褪去，花青色素才显现出来。果实表面色的变化在采收分级工作中，常为判断果实成熟度和品质的标准。

某些白色或黄色的果实，如白葡萄和柑橘类果皮，除含类胡萝卜素外，还含有一种花黄色素，其性质与花青色素相似。

（十一）芳香油

果实中的香味来源于其本身含有的各种不同的芳香物质。这些芳香物质是油状的，故又称挥发油。它们经常与许多化学物质混合存在，其中主要化学成分有醇、醛、酚、烷、酸烷和烯等。芳香油多存在于果皮的许多特殊细胞组成的储油结构中，称为油胞，而在果肉中含量少。果品中的柑橘类水果含芳香油较丰富，含量为1.2%~2.5%，其他果实含量较少。

果实中所含的芳香物质，决定了果实的香味，香味能刺激食欲，有助于人体对其他物质的吸收。有的芳香物质，如苯甲醛氧化后产生苯甲酸，有杀菌能力。

（十二）维生素

果品中的维生素含量较丰富，存在于果品中的维生素主要有如下几类：

1. 维生素C。以每百克果品计算，一般含维生素C几毫克到十几毫克，干果中的鲜枣类含维生素C 600~1600毫克。所以新鲜果品是提供人体维生素C的丰富来源。

维生素C易溶于水，被氧化后即失去作用。果品本身含有一种抗坏血酸酶，可促使维生素C氧化失效。在储藏或制作菜肴的过程中应尽量减少果品中维生素C的损失。低温保管果品可减小维生素C的损失。

2. 胡萝卜素。胡萝卜素主要存在于杏、橘、香蕉等黄色或橙黄色的新鲜果品中，但含量较少。胡萝卜素不溶于水，而溶于脂肪，易被氧化破坏。

3. 维生素P。维生素P又称柠檬素，为水溶性物质。多数新鲜水果中含有这种维生素。枣中含量最高，每百克中维生素 P 达 330 毫克。

（十三）无机盐

果品中含有许多无机盐，其中以钙、磷、铁为主要成分。果品中的橄榄含钙量较高，山楂其次。富含磷的果实有香蕉、草莓、柿、杏等。含铁的果品有樱桃、香蕉、杏、葡萄等。一般含量为每百克 0.5 毫克左右。

（十四）酶

酶是有机体生命活动中不可缺少的因素。果品的化学物质不断地进行变化，就是因为果实中存在着各种各样的酶，并在起着催化作用的结果。

果实中主要有两类酶，一是水解酶类，一是解碳链酶类。水解酶类包括转化酶、果胶酶、蛋白酶等，是促使物质进行合成与分解的酶。解碳链酶主要使有机化合物中的碳链分解，最后分解成二氧化碳和水，并放出大量的热量。作用于呼吸过程和发酵过程中的各种酶，如氧化酶、脱氧酶等都属于这一类。

果实的成熟与酶的作用有着密切的关系。如苹果在成熟过程中，化学物质的合成大于分解，因此，淀粉、蔗糖含量较高，随着果实成熟度的增加，酶的活动逐渐趋于水解，化学物质的水解作用增加，淀粉转化为糖，果实变甜。

果实的储藏与酶的活动有着密切的关系。酶的作用受果实储藏的温度、湿度、空气成分等条件的影响。如新鲜水果储藏在温度高的情况下，酶的活动加强，果实的后熟作用加快，物质成分分解也快。反之，果实在 0℃ 条件下储藏时其分解作用进行缓慢。空气中氧的成分多少也会影响酶的作用。还有果实遇到机械损伤，微生物的浸染、萎蔫或不适宜的冷冻，都会影响酶的作用，从而降低果品的储藏性能。

三、果品的营养价值

从果品所含的化学成分分析，果品是人体所需维生素和无机盐的一个重要来源。大量的钠、钾、钙、镁等无机盐类使果品成为碱性食物，对人体的生理活动有着调节体液酸碱平衡的作用。果品所含维生素 C、A 特别丰富，是人类摄取维生素的主要来源之一。果品中含有的有机酸在果品中通常与无机盐结合成酸式盐状态存在，对人体的新陈代谢有着重要的作用。许多果品还具有食疗保健作用。由于果品中也含有大量的纤维素，有刺激肠道使其蠕动加快的作用，可以使食物通过胃肠道的速度加快，从而加速胆固醇排泄。多吃果品可以降低胆固醇的含量，防治心血管系统的疾患。

四、果品在烹饪中的运用

果品在烹饪中的应用很广，从大型的筵席到日常的小吃都有干鲜果品的使用。如传统的高级筵席上有四干碟（葡萄干、琥珀桃仁、橘子饼、炒大扁），四果脯（桃脯、蜜枣、荸荠脯、藕脯），四蜜饯（蜜饯海棠、蜜饯红果、蜜饯山药、蜜饯莲籽），四鲜果（蜜柑、北山苹果、玫瑰葡萄、芝麻香蕉），四甜碗（橘子银耳、波萝甜冻、十景果羹、八宝果品甜饭）。这些都是以各种果品为主做成的。根据筵席程序有的首先上席，有的夹于热菜中间，以调剂口味，增进食欲或醒酒止渴。主要用途和特点为：

1. 作为菜肴的主料。多用于甜菜制作，花色品种甚多。如拔丝苹果、夹沙熏蕉、挂霜桃仁、什锦果羹等。

2. 作为配料。作为制作菜肴的配料十分普遍，可以配荤菜，也可配素菜。在营养组合和风味上都有独到之处。如桃仁鸡、栗子烧鸡、栗子炒冬菇等。

3. 做菜肴的装饰料。特别是在花式冷盘的制作及花式菜肴的烹制中经常用到，以樱桃、橘瓣、葡萄等美化菜肴的色形。有的还可做食品雕刻用以造型，如瓜盅、瓜灯等。

4. 用于制作糕点。在糕点中果品大多数用作馅心，如月饼、苏州糕团、枣泥包子等。以用果脯、蜜饯及松子仁、瓜子仁、桃仁等为多。

果品含糖量较多，属于酸甜口味，并含有多种芳香美味物质，我国南方一些菜品已有运用橘子汁、柠檬汁等作为调料使用，效果较好。

第二节　鲜果品种

一、水果类

水果是以果实为食用部分的新鲜果品，这在果品中是最主要的品种。水果的显著特点是水分充足，果肉鲜嫩，有些品种质地松脆，富含色素、有机酸，风味特殊。

水果是一个系列性的品种，由各种果树开花结果成熟后摘取。水果的生长受产区、季节（气候）的影响。南方气候温暖，土地湿润，所产的水果大都是软皮多汁的柑橘、荔枝、香蕉，北方气候干燥，生产的水果一般以皮紧肉脆的苹果、梨子为代表。总之，水果的家族是庞大的。甜瓜是一种比较特殊的水果，是一年一度的蔓藤植物，开花结果成熟后摘取果实，它与果树结出的果实有较大的差别：第一，瓜型较大；第二，有机酸含量不高；第三，瓤肉尤其多汁。甜瓜也受季节影响，但产地较少。我国的南北各地均有生长。如新疆的哈密瓜，甘肃的白兰瓜，江苏竹青叶西瓜，浙江平湖西瓜都是瓜果中的著名代表。

1. 苹果。苹果主要产于华北、东北一带。形态圆而略扁，果皮为青、黄、红颜色，果肉脆嫩甘美、微酸。苹果的特点视不同的地区、不同的品种又有差别。生产季节则因品种及产地的不同，可自夏季至秋末陆续采收。

苹果主要品种有富士、国光、青香蕉、红香蕉、红玉、倭锦、元帅以及优锦、迎秋、赤阳、鸡冠、玉霞、伏花皮等，其中以富士、香蕉苹果品质最佳。国光苹果为最多，呈甜酸，风味亦较好。苹果可用于做蜜汁、拔丝等。

2. 梨。梨是我国各地都有栽培的落叶果树的果实。北方称梨，南方称生梨。主要分布于华北、东北、西北及长江流域各省。主要品种有秋子梨、白梨、沙梨、洋梨四种。

秋子梨分布在华北及东北各省，果实圆形或扁圆形，优良品种有北京的京白梨，辽宁的南果梨等。白梨主要分布于华北地区，果实为卵形，优良品种如河北的鸭梨、雪花梨、秋白梨、蜜梨，山西的油梨，山东莱阳的慈梨。沙梨分布在长江流域和淮河流域，果实近圆形，果皮绿色或褐色，著名品种有安徽的砀山梨等。洋梨在山东烟台与辽宁大连栽培较多，果实瓢形或圆形，熟后果肉脆嫩多汁，石细胞少，香味浓。

3. 柑橘。我国柑橘包括柑类和橘类两大类型。区别在于，柑类果形比橘大，近于球形，皮较粗厚，络多，汁多味甜，比橘耐储。著名品种有芦柑、潮州焦柑、浙江瓯柑、温州蜜柑。橘类果型较小而扁，皮薄、极易剥离，果心不充实，络较少，核尖细，皮色有橙黄或朱红两种，不耐储，但成熟早，品质较好，品种有浙江黄岩蜜橘，江西南丰蜜橘、乳橘等。柑橘的主要产区为浙江、江西、福建、广东、台湾、湖南、四川等省。深秋之后为柑橘上市旺季。

4. 甜橙。橙又名广橙。果形中等，呈圆形或长圆形，皮色稍黄不光滑，皮肉结合较紧，不易剥离。果心充实、汁多、酸甜适口，核和种仁白色，这是橙和柑橘的主要区别。甜橙耐储，鲜食、提取果汁、酿酒均可。著名品种有广东新会甜橙，雪橙，产于湖南衡山的黔橙和湖北宜昌的广橙。

5. 桃。桃产于我国的西北和西部的陕西、甘肃一带，栽培已有三千多年历史。目前分布广，品种很多，主要产区有浙江、江苏、山东、河南、河北、甘肃、陕西等省，尤其以江浙产最多。

桃分为普通桃、山桃、光核桃三大类。根据分布地区和果实特征，又可分为北方桃、南方桃、黄油桃、蟠桃、油桃五个品种群。北方品种群果实顶端有突尖，果肉脆或柔软多汁；南方品种群果实顶端圆，果肉柔软多汁，黄肉桃品种群的果肉为黄色，蟠桃品种群的果实扁平形；油桃品种群果面光滑。桃的优良品种很多，主要有山东的肥城佛桃，河北深洲的水蜜五月鲜，北京大叶白桃，浙江奉化的玉露，江苏无锡的白花水蜜桃、苏州太苍的蟠桃等。桃子产季按成熟期区别，早熟种在 6 月中旬至 7 月上旬，中熟种在 7 月中旬至下旬，晚熟种一般 7 月底开始上市。

桃肉肥嫩多汁，渣少，味甜似蜜，适用做鲜果碟和拔丝、蒸、炸类菜肴。

6. 香蕉。香蕉原产于亚洲东南部，我国广东、广西、台湾、福建、四川、云南、贵州等地均产，以台湾、广东量多质优。香蕉的品种很多，但主要分为粉蕉和甘蕉两大类。粉蕉原产于我国东南部，形状似小月儿，品种有香牙蕉（芝麻蕉）、天宝蕉等。甘蕉原产印度、马来西亚，体短身圆，现在我国栽培的如龙牙蕉、大蕉等品种。香蕉的产季，因品种不同而先后不一，一般 7~11 月为旺产季。

香蕉果实成串，成熟的色泽金黄，果肉白色略浅黄，糯滑，香甜可口，富于营养。一般除供大量生食外，可用做拔丝、软炸等甜菜。

7. 菠萝（又叫凤梨）。菠萝是热带、亚热带的水果，原产于美洲的巴西，16 至 17 世纪传入我国华南，分布在广东、广西、福建、台湾等省。

菠萝果实较大，果顶有冠芽，复果肉质，淡黄色，脆甜多汁，清凉爽口。菠萝肉可作甜冻菜、甜羹菜，还可制罐头食品及其他加工品。

8. 荔枝。荔枝又名丹荔，为我国特产珍果。荔枝栽培主要以广东、福建最盛，广西、云南、四川、台湾有少量分布。荔枝果实呈心脏形或球形，果皮布满鳞斑状突起，呈鲜红、紫红、深红或淡红色。果肉呈假皮状，半透明多汁，鲜美甘甜且含香味。主要品种有广东的糯米糍、桂味妃子笑、尚书怀，福建的元红、黑叶等。上市季节因产地不同而有差异，一般在 6~7 月上市。荔枝入菜可作甜冻、甜汤类菜。

9. 樱桃。樱桃在我国已有三千多年的栽培历史，历来被作为珍果。我国樱桃可分为中国樱桃、甜樱桃、酸樱桃和毛樱桃四大类。前两种栽植较多，中国樱桃主要产区有山东的青岛、烟台，江苏南京、河南郑州、安徽的太和及浙江、陕西、甘肃、内蒙古等地。甜樱桃主要产区有山东烟台、辽宁大连、河北秦皇岛及新疆等地。樱桃品种多，初夏成熟，为早熟水果。果圆而小、鲜红、光亮、味甜。除鲜食外，可晒干、制果酱、酿酒或加工成罐头。烹饪中最适于各种菜肴点缀。

10. 葡萄。葡萄原产于欧洲、亚洲南部和非洲北部。现在我国栽培葡萄遍布全国，尤以新疆、甘肃、河北、山西、山东等地盛产。葡萄的品种很多，根据其原产地不同，分为东方品种群和欧洲品种群。东方品种群主要品种有龙眼、无核白、牛奶、黑鸡心等，玫瑰香、加里娘等属于欧洲品种群。新疆吐鲁番的无核白葡萄是驰名国内外的优良品种。

葡萄营养丰富，风味酸甜可口，除生食外可以制干、酿酒，制汁、制罐头与果酱，还可以软炸、拔丝等方法做甜菜，葡萄干可做点心馅心。

11. 草莓。草莓又名洋莓果或凤梨。为宿根性多年生草本植物。草莓原产欧洲，夏季成熟。草莓的浆果形状有圆锥形、鸭嘴形、扁圆形、荷包形等。色深红、肉纯白。柔软多汁、芳香。果下的萼片和苞片展开。草莓拌奶油或甜奶可制成奶油草莓，可加糖熬成草莓酱佐餐，亦可制成果酒。

12. 西瓜。我国南北皆产。西瓜多呈圆形、椭圆形，皮色分浓绿、绿、白或绿中夹蛇纹等。瓤多汁味甜，色呈鲜红、淡红、黄或白色。西瓜的品种很多，各地均有优良的品种。如山东德州的喇嘛瓜、河南开封的大花棱瓜、河北保定的三白瓜、浙江平湖的枕头瓜等。西瓜为我国夏季重要水果，在城市水果供应中占有重要地位，种子可做菜，亦可做糕点焰心（俗称瓜子仁）。烹饪中可用西瓜制西瓜冻、西瓜酪、西瓜糕，以及雕刻装饰食品如西瓜盅等。

13. 哈密瓜。是我国新疆著名特产。哈密瓜可分为蜜极甘和可口奇两大品系，按上市季节分为夏瓜和冬瓜。夏瓜 7~8 月成熟，冬瓜 9 月成熟。个体较大，一般重 4~5 千克，大者可达 10 千克以上。皮有黄色或黄青等各色，瓜瓤白或青红各色不等。肉质细脆，多汁味甜，含糖量达 8%~15%。清香、爽口、风味独特、脍炙人口，既可做水果食用，也可制成果脯或罐头。

14. 番木瓜。番木瓜是热带名果。我国广东、广西称木瓜、乳瓜、番瓜或万寿果。果皮色鲜艳，果肉甜滑、香味清幽。番木瓜富含维生素 C 和 A，乳汁中含有一种能分解蛋白质的酵素，可助人体消化。既能当水果又可作烹饪原料，如烧牛肉、煮老母鸡、煨火腿，还可做果酱、果脯。

15. 椰子。椰子为热带主要果品之一，我国椰子栽培在东南沿海，分布于海南岛、西沙群岛、雷州半岛、云南的边区。品种主要有高椰和矮椰两大类。椰子果实较大，多为圆形或椭圆形。皮黄褐或黑褐色，肉厚、味甜，汁液清香，可解渴祛暑。肉能当水果鲜食，或做菜，还可制果酱等。

16. 山楂。山楂别名红果，属落叶乔木。花白色，果实近球形，红色，味酸甜，为秋冬两季供应时间较长的一种水果。我国河北、北京、辽宁、河南、山东、山西、江苏、云南、广西等地都有栽培。山楂种类主要有山楂、大山楂、猴山楂、野山楂、山东山楂和云南山楂等六种，其中以大山楂栽培为最多。以个大、肉酸者为佳。山楂有很高的营养价值，铁和钙特别丰富，钙含量居各种果品第一位，维生素 C 的含量比苹果多 17 倍，有开胃消食，化滞消积的功用。饮食业用它做红果酱、京糕、蜜饯红果、炒红果等，还可制成各种糕点的馅心和罐头等。

二、干果类

干果是一大类带坚硬壳质的果品，可食部分为种子的果仁，包裹果仁的一层薄膜的果衣，一般不食。果仁有甜味和香味两类。性质特点各不相同。甜果仁肉质较软，如桂圆、板栗；香果仁肉呈粒状，质脆，如核桃、松子等。这类食品炒熟或油炸香味最足。适用于做需要增强香味菜肴的配料。

1. 栗。又称板栗，是我国栽培最古老的果树之一。分布于辽宁、北京、河北、山东、河南、江苏、福建、江西各地。板栗壳斗大，球形，外生刺。坚果 2~3 个，生于壳斗中。著名品种有良乡板栗，产于北京市郊房山良乡，果小约 5 克，味甘甜，十月中旬成熟。迁西明栗又名红皮、红毛，产于河北迁西、兴隆，果较大，7~9.5 克，皮红褐、鲜亮、味甜，九月中旬成熟。另有珍珠栗，分布于长江流域和江南各地，壳头内包藏一卵形坚果，味同板栗。栗肉营养丰富、清香、味甜。饮食业常用栗子做菜肴的主料或配料，如拔丝栗子、栗子烧肉、栗子烧鸡等。

2. 桃仁。桃仁是核桃果树的种核，故名核桃。因原产西域，所以又名胡桃。核桃富含脂肪油、蛋白质、糖类和维生素，为著名的滋补品。

桃仁主要分布于山西、河北、陕西、新疆、北京郊县。品种有 40 余种，优良品种有山西汾阳生产的光皮绵核桃；其果形圆，粒大壳薄，仁肉肥硕，色泽洁白；新疆库车出产的纸皮核桃种仁含油率达 75%。

桃仁以果大圆整、均匀、壳白、面光纹浅的为最好。如剥出的仁肉有虫蛀、哈喇味等品质已变化的，不宜食用。桃仁可以单独挂霜做甜菜，亦可做香炸、酱爆菜肴的配料。

3. 桂圆。桂圆又名龙眼，鲜桂圆加工后称桂圆干，因果实浑圆形而得名。桂圆的壳不可食，果肉柔糯质薄，蛋白质、钙、铁、磷及多种维生素含量较其他果品多，营养极高，有益胃、益脾、补虚、长智之效果，为贵重礼品和传统补品。

桂圆产于福建、广东、台湾以及皖南一带。桂圆干可以煮熟制成甜菜，做甜点的馅心，鲜龙眼更可以直接应用于冷制甜菜。

4. 花生仁。花生仁为花生种子去壳后的可食部分，又称生仁。外形呈长圆、长卵、短圆形等，壳白色，生仁长圆形，表面裹有淡红色仁衣，熟食味香而脆，含有丰富的蛋白质和脂肪。我国栽培花生较广，以黄河下游为最多，主要品种有普通型、蜂腰型、多粒型、珍珠豆型等四类。常用以榨油或做副食。烹饪中则以炒、煮、炸、挂霜等制作菜肴。

5. 榛。榛产于我国北部和东北地区。小坚果，近球形，托有钟状总苞。总苞较坚果长，具有6~9个三角形裂片。味香含丰富的脂肪，可榨油。饮食业用它做辅料可增强菜肴的香味。

6. 松子。松子是红松、华山松、白皮松等松树的种子，又名松子仁。红松产于长白山和小兴安岭一带，华山松为我国特产品种，北自山西沁源，南至云南贵州，东起河南，西到甘肃南部都有分布。白皮松分布于山西、河北、河南、陕西、甘肃、四川和湖南等地。松子仁富含脂肪和芳香物质，可榨油。炸后很香，可用于炒、蒸、炖、焖菜的配料。

7. 杏仁。杏仁是普通杏和巴旦杏的核仁。杏仁的品种极多，通常分为苦杏仁和甜杏仁两类。苦杏仁味苦有微毒，一般供药用。甜杏仁味香甜，颗粒比苦杏仁大，作食用。品种有白玉扁、龙王帽、北山大扁、九道眉等。主要产于河北、新疆、山东、山西、陕西、内蒙古、甘肃和辽宁等省。杏仁的营养价值很高，除含有蛋白质、脂肪、糖类之外，还有磷、钙、铁、钾等成分。具有特殊香味，含油量又高，是食品工业的良好原料，饮食业使用杏仁，一般做菜肴的辅料，尤以点心制作使用得多，如五仁包、五仁月饼等。

8. 橄榄仁。橄榄有白榄和乌榄两种。橄榄仁是乌榄的核仁，主要产于广东、广西两省。形状狭长扁平，中间宽，两端尖，形似目鱼骨，外包栗色仁衣，隐约有黑斑点，仁肉乳白如脂，含油量达45%左右。橄榄仁可做糕饼焰心的配料，如月饼。在广东也用于菜肴的制作，如榄仁炒苋菜，制品清香滑润，别具风味。

第三节　果制品

一、果干类

含有一定水分的新鲜果实，经过适当脱水及其他熏、蒸、泡烫的方法加工的制品叫果干。果干肉软柔韧。因水分多，含糖量比例上升，耐贮能力强，可突破季节、区域间的限制，起到调剂供应的作用。常见的果干制品有红枣、乌枣、牙枣、葡萄干、柿饼等。这些都是人们生活中不可缺少的，也是菜肴中经常应用的原料之一。

1. 红枣。红枣是在过熟期采收的鲜枣的干制品，皮色红艳，肉甜质软，富于营养，是我国的传统果品之一。红枣的主产区在辽宁、山东、河北、河南、山西、陕西、甘肃、安徽。枣子的品种很多，但干制红枣大体分为小枣和大枣两种。河北的天津红、无核小枣，陕西的大荔红孚枣，河南的灵宝大枣等。

红枣食法多样，饮食业常制成枣泥馅料，用于甜味类菜点。

2. 黑枣。黑枣又称乌枣、熏枣，是由新鲜的大枣水煮火熏加工而成。皮色乌黑略紫，有细浅皱并泛光泽，肉质紧密细腻，口味甜糯，略带熏香。加工地区主要在山东、河北两地。食用黑枣亦可煮熟去核成枣泥为甜味菜点原料，亦可做补品。

3. 柿饼。柿饼为柿子的干制品。加工柿饼是将霜降后的鲜柿子摘下，削皮，放阴凉处，经日晒，压扁和霜打到糖汁外溢起白霜。柿饼含有丰富的糖和磷、铁、钙等无机盐，具有补脾健骨之功用。柿饼主要产区是山东、河北、山西、陕西诸省。山东益都、菏泽的耿饼，肉质软，深橘红色、无核、多霜味甜，品质极佳。柿饼零食或做菜点馅料均可。

4. 荔枝干。荔枝干是鲜荔枝在七八成熟时，用日晒和火焙的方法进行干制的，日晒的称日晒荔枝干，制品壳色红艳，肉色黄亮，色、香、味俱佳；火焙的加工方法是先晒去大量水分，再番用火焙至干透，前后约两个星期时间。荔枝干因果种不同，有大核和小核之分。小核的肉厚，大核的肉薄。著名品种有广东的糯米枝、槐枝，福建的香米枝和海南岛的海口枝等。荔枝干食法简便，可剥壳直接食用，还可以取肉干作甜品菜点馅。

5. 葡萄干。鲜葡萄经严重脱水后便成葡萄干。干制葡萄应选择皮薄、肉丰满柔软、含糖高的品种，最好是无核白、无子露和有核的玫瑰香为原料。新疆吐鲁番用阴干法，以这种方法加工的葡萄，由于不受阳光照射，色泽鲜艳、果粒饱满；山西清徐地区则运用火焙法，品质不如新疆的葡萄干。

葡萄干甜蜜鲜醇，不酸不涩，既宜零食，又可做面包、糕点上嵌粒和甜菜配料。

脱水的果干还有苹果干、桃干、杏干、李干、哈密瓜干等。

果干往往专供做复制蜜饯的原料。此外，还用作提炼香精和制酒的原料。

二、蜜饯、果脯类

蜜饯与果脯是我国的传统食品，由于别具风味，大部分被人们用来作为馈赠物品。在烹饪中主要用于甜味类菜肴的配料，也可做糕点的馅心，还可配成小碟在筵席上使用，备受食者的喜欢。

我国古代的蜜饯是把新鲜的水果放在蜂蜜中熬煮浓缩，排除大量的水分而制成，故有“蜜煎”之称，以后才逐渐使用砂糖来代替蜂蜜加工。所谓果脯则是选用瓜果通过食糖糖渍，干制加工而成的产品。它不但色泽鲜艳、保持浓郁的果香和可口的滋味，而且开胃助消化。现在的蜜饯与果脯都是用糖来代替鲜果中的水而将果实保存起来的，只是叫法上的不同。南方称蜜饯，北方叫果脯，并没有确切的区分界线，一般是把比较干爽，不带蜜糖汁的称为果脯，如苹果脯、梨脯、桃脯等。把表皮显得比较光亮湿润或是浸透在半透明的蜜或浓糖液中的制品称为蜜饯。如南方蜜饯、李片，北方的蜜饯海棠、蜜饯仁果等。

蜜饯与果脯是经过特殊加工的果品。这些果品中的含糖量很高，而一些转化糖更容易被人体吸收，特别是蜜饯。果脯中的有机酸以及在加工制作时加入的某些香料，对于促进食欲、帮助消化起到一定的作用。此外，蜜饯、果脯的加工大多采用熏硫处理，而且都是用浓厚的糖液煮成，对鲜果中的维生素起着很好的保护作用。这比靠晒干脱水的果品维生素 C 含量高得多。

由于蜜饯与果脯主要通过煮制加入砂糖浓缩干燥而成，一般含水量在 18%~20%之间，而且在煮前大都用熏硫处理以防变色，使成品更美观。再加入二氧化碳成为成品中的防腐药物，因此蜜饯、果脯一般不易受微生物的感染而腐败变质。这也是蜜饯、果脯能延长储存的重要原因。

1. 橘饼。橘饼为广式蜜饯品种之一，是腌制过的橘坯加大量的白糖、少量的石灰和微量的硫酸钠加工成的食品。质量标准为每 500 克 70~75 个。扁圆形、黄色、尾花带青绿。酥口香甜、无渣、无核。有顺气、开胃之功，饮食业多用于甜菜、甜点馅料。

2. 蜜枣。蜜枣是京式蜜饯品种之一、又称北京蜜枣。成品扁圆或椭圆带扁形、褐红色、枣皮半透明，肉质细柔致密、甜糯，富含维生素 C。

蜜枣多选用果大核小，鲜食少甜味、水分少，肉肥厚而疏松的鲜枣作坯，此枣最易吸收糖液，制作蜜枣最佳。加工时用刀划破枣。加亚硫酸氢钠溶液和适量酸浸泡，煮制至 6~7 成干时取出压扁，再摊在烘盘下继续干燥，待枣身表面显现光泽不粘手，果肉带有韧性时即成。

蜜枣在饮食业中宜作八宝甜馅。煮食亦是上好补品。

3. 山楂糕。北京出产的山楂糕最著名，为京式蜜饯之一，俗称京糕。山楂选用优质的鲜山楂沸水煮熟，捣成泥，根据标准比例将砂糖化为糖浆，加微量明矾熬浓，趁热和果泥充分拌匀，冷却成块包装。

山楂糕软嫩有劲，深红晶亮、酸甜适度、开胃、增加食欲、常食有益，饮食业可做冷冻甜菜，炒菜配料。

4. 苹果脯。苹果脯为京式蜜饯品种。一般把肉质疏松的成熟苹果去除皮，切开成两片，挖去核，以 2%~3% 亚硫酸与 0.10% 氧化钙混合浸泡 10 小时左右，再用大量白糖经数次熬煮，晾干便成。苹果脯果体有弹性，不粘手，含水约 15%，金黄色，扁圆形，柔软不烂，味甜不腻，带有果香，以生食为主。

5. 脆青梅。脆青梅为苏式蜜饯品种，又名月梅。形同初采的鲜果，色泽青翠，肉质脆嫩，甜酸香，细嫩，爽口，非常诱人。脆梅以鲜梅果为原料，需经盐糖双腌、发酵、调色防腐等工序制成。若置阴凉处，可保管一年不变质。饮食业一般作为菜肴点缀或菜点馅料。

6. 蜜青梅。蜜青梅亦为苏式蜜饯品种，又名劈梅，是甜性青梅制成品。选肉质坚韧、青绿的鲜梅坯，盐渍后对半劈成梅瓣，漂洗去盐后以糖浆腌渍，再晾晒至果实表面呈稠粘糖汁时即成。成品色青肉脆、浓甜微带酸。做菜肴衬色，或做馅料最适宜。

7. 红丝绿丝。红丝、绿丝简称红绿丝。红绿丝选除去油胞层的柚皮、香抛皮作原料，染上色素、用糖腌制，烘干。常用于糕点、甜羹菜，亦可做点缀食品用。

8. 红瓜、绿瓜、黄瓜。三种色彩的瓜是用咸生瓜片作原料，漂去咸味后，以砂糖和色素拌匀腌渍，再熬煮而成的特殊果品。八宝甜饭、糕饼馅心最宜选用。有着色、配味的作用。

此外，糖姜片、糖荸荠、杏脯、桃脯以及蜜饯海棠等品种都很有特色，因在烹饪中使用较少，此不赘述。

第四节 果品的品质检验与保管

一、果品的品质要求和检验

果品包括的种类复杂，故品质标准也不完全一致，以新鲜果品为例，原则上着重看下列几方面：

（一）果形

果品形状是品质的重要特征。每种果品都有其典型的形状，凡是具有各类果品形状的，说明其生长正常，质量就较好，因缺乏某些肥料造成的缩果和病虫害引起的畸形果实，质量就较差。

果形还包括大小形态，同类品种的新鲜果品个大的，其发育充分，营养成分偏高，可食部分也多，质量优良。

（二）色泽和花纹

果品的色泽由不同的色素所形成。它能反映果实的成熟度和新鲜度。新鲜果品具有鲜艳的色泽，当色泽改变时，新鲜度就降低，果质也随之下降。

花纹主要反映在新鲜果品的表皮上，凡含有花纹的果品，应以花纹清晰者为佳。若花纹模糊不清，这些果品质量都受到一定影响。

（三）成熟度

果品成熟的过程，也是其化学成分和生理活动不断变化的过程，因此，成熟度对于果品的风味质量和耐储性有很大影响。未成熟的果品一般质地坚硬，涩味重、淀粉多，各种营养也不完全；过度成熟的果品，容易破裂，影响储藏和菜肴应用；而成熟度恰好的果品，不仅风味较佳，而且也耐储藏，食用价值亦很高。

(四) 损伤与病虫害

果品在采收、运输、销售过程中，都可能造成摔、碰、压伤以及各种刺伤。这些损伤都会破坏果品的完整性和容易引起微生物的感染，从而降低果品的品质，果品在生长期间由于管理不善，也容易遭受到虫害和病害的侵染。例如苹果和梨受食心虫的危害，柑橘受介壳虫、柑蛆的危害，由细菌引起的软腐病等，不仅会影响果品的外观，而且会使果肉产生破坏，降低或丧失食用价值。

总之，在采购果品时，一定要注意选择那些果形典型、色泽鲜艳、果大无伤痕和无病虫蛀的果实，以保证原料的质量。

二、果品的保管

果品的保管应根据各类果品的特点正确处理。干果本身比较干燥，保管时应注意防潮，防虫蛀、防出油。果干脱水较充分，有的经过日晒、熏，易保藏，只要包装防尘、防潮、防鼠虫咬坏即可。蜜饯与果脯由于用糖熬煮特殊处理过，一般不会变质，如时间过久可能会产生干缩、潮解现象或产生霉陈味。一旦出现，可重新用糖熬煮，冷却返砂再继续存放。

新鲜水果是有生命的有机体，在储藏过程中，一方面由于一系列生理变化，会影响其质量、重量、风味、质地及营养价值。另一方面也会由于微生物的侵染而引起腐烂变质，必须加强保管。储藏新鲜水果的基本原则是创造适宜的外界环境条件，以保持它们正常而最低的生理活动，从而达到保证质量和减少损耗以及延长储存期的目的。

低温是储藏新鲜水果的适宜方法。低温能减弱水果的呼吸作用，降低水分和延缓其成熟过程，同时还能抑制微生物的繁殖，保藏水果的适宜温度应根据各果品的特点而异。苹果、梨、桃、杏、李、葡萄、菠萝为0℃左右，柑橘类为2℃～5℃，香蕉为12℃～13℃。如果保管的温度过高，水果容易成熟、腐烂；温度过低会冻伤，影响风味和质量。

根据低温储藏水果的要求，采用的具体方法一般有：冷窖藏，冰窖藏，冷库藏，通风藏，气调藏等。这些方法，在产地、商业部门及饮食店均可根据不同的条件采用。保藏新鲜水果还应切忌库内存有盐、碱、酒等原料，以免刺激果色变黄。

此外，保管水果还应通风透气，合理堆码，按类存放，并及时检查，保证果品完好保藏。

思考题

1. 根据果实构造的特点果实可分哪几类？每类有哪些主要品种？

2. 果品的营养价值如何？有什么特点？

3. 果品在烹饪中的用途范围和特点有哪些？

4. 什么是水果？水果的特点是什么？我国主要水果品种的产地、生产季节是什么？

5. 什么是干果？我国主要有哪些品种？分别说明它们的特点和在烹饪中的运用。

6. 果制品包括哪几类？它们各有哪些主要品种？

7. 什么是果脯、蜜饯？有什么特点？在烹饪中的主要作用是什么？

8. 怎样检验新鲜果品的品质？怎样保管好果品？

第九章　食用油脂和淀粉

食用油脂和淀粉是一类特殊的烹饪原料，是从其他食品原料中加工提制的品种。它们在烹饪中（除淀粉再加工成淀粉制品外）一般不能做构成菜肴的主要原料，也不能直接做调味品使用，但都是菜点制作工艺及形成一定风味特色不可缺少的辅助材料。因此，食用油脂和淀粉在烹饪中具有重要的地位和作用。

第一节　食用油脂

食用油脂就是指植物性的油和动物性的脂。它们分别是从植物果实和动物的脂肪组织中提取的。植物的有豆油、花生油、菜籽油、芝麻油等；动物的有猪油、奶油等，习惯统称油脂。

一、食用油脂的化学成分

天然的食用油脂是由多种物质组成的混合物，其最主要的是脂肪（又称三甘酯，其有关内容见第二章第三节），其他为油脂的夹杂物，这些物质又称为非甘油酯类化合物，如磷脂、甾醇、蜡、粘蛋白、色素及维生素等。由于食用油脂的主要成分是脂肪，因此，食用油脂基本反映了脂肪的理化性质，但少量的非甘油酯类化合物也能反映食用油脂的质量。下面就非甘油酯类化合物做些介绍。

1. 磷脂。在没经过精制的植物油中磷脂的含量较高，特别是豆油中。动物性油脂中含量很少。精炼优良的植物油，磷脂的含量大大降低。磷脂在保管时会发生自然水化现象。产生大量油脚沉淀，使油脂的质量下降，对食用油脂无益。在煎熬时，会产生大量泡沫，并开始焦化结成黑褐色沉淀物，影响食用油脂的质量和使用。

2. 甾醇（固醇）。在生物体呈游离态或与脂肪酸结合成酯。甾醇根据来源不同可分动物中的胆固醇和植物中的豆固醇、谷固醇及麦角固醇等。其中豆固醇在大豆油或其他豆类油脂中较多，谷固醇在谷类坯油中较多。甾醇对食用油脂的保管和食用均无害，而且是人体合成维生素 D 的重要原料。利用甾醇类型的特点可以鉴别油脂的种类及纯度。

3. 蜡。油料种子的外皮常含有蜡，榨油时可混入油中，在油脂中含量极少，但在冬季仍可引起油脂的混浊。蜡是固体，熔点 60℃～80℃之间，皂化比较困难，在人及动物消化道中不能消化，故无营养价值。

4. 粘蛋白。油脂中蛋白质的一种，对食用无害，但对保管不利，可引起保管中的油脂混浊，透明度降低，色泽变暗，质量下降。

5. 色素。大多数的油脂具有一定的色泽，它是各种色素溶解在其中的缘故，如叶红素、叶蓝素、叶绿素等。某些油脂由于微生物的作用也可产生粉红的颜色。油脂中蛋白质和糖类的分解也可产生棕色色素。棉籽油中棉酚氧化后呈红色，有毒不能食用，应除去。其他油脂中的色素一般对食用无害。油脂的色素能反映油脂的固有色泽，据此可鉴别其油脂的种类及质量状况。

6. 维生素。油脂是人体所需要的脂溶性维生素 A、C、E、K

的重要来源。维生素 D 只存在于动物油脂中，维生素 E、K 主要存在于植物性油脂中。油脂中维生素含量的多少是油脂营养价值高低的重要根据之一。

二、食用油脂的性质

食用油脂中所含有脂肪及其他一些非甘油脂类的化合物共同构成了食用油脂的基本特性，这些特性不仅决定了它们在烹饪中的重要作用，而且也是食用油脂进行储存保管的依据。

1. 色泽和气味。食用油脂都具有一定的色泽和气味。它是区别不同的油脂种类及鉴定质量优劣的依据。食用油脂的色泽和气味主要是由食用油脂中非甘油酯类成分引起的，比如棉籽油的颜色很深，这主要是含有黑紫色的棉籽嘌呤的缘故。芝麻油较一般植物油颜色深、香味足，这主要是色素和酚、醇及乙酰吡嗪等芳香物质所致。利用不同食用油脂的色泽和气味可以增加食品的风味。

2. 熔点。食用油脂的熔点是由构成脂肪成分的脂肪酸的碳链长短而决定的，因此，各种食用油脂的熔点是不相同的，比如大豆油的熔点在-18℃～-8℃之间，花生油的熔点在 0℃～3℃之间，棉籽油在 3℃～4℃之间，而猪油在 28℃～48℃之间。食用油脂的熔点还与其脂肪酸的饱和程度有关，熔点低，不饱和脂肪酸的含量就高，其营养价值也就高。植物油脂性熔点较动物性油脂为低，所以营养价值要高些。由此不同油脂的熔点是检验其质量和采取不同保管方法的重要依据。

3. 溶解性。精炼的食用油脂不含水分，比重比水轻，能浮于水面而不溶于水，但易溶解于乙醚、丙酮、烃、苯、二硫化碳等溶剂。在一定的温度下，食用油脂的部分脂肪成分能溶入部分水，如硬脂酸成分在 69℃时每 100 克可溶入水 0.92 克。

4. 粘度。食用油脂虽不溶于水，但粘度比水高，因此在烹饪中，食用油脂能很好地粘附在食品上，改变菜点的滋味和光泽。

5. 乳化。食用油脂在一般情况下不溶于水，但在一定的条件下，油脂能呈微滴状分散于水中形成稳定的乳浊液。利用食用油脂的乳化作用，在烹饪中可使汤汁浓白，如氽鲫鱼汤。在食品工业中，油脂的乳化是通过乳化剂或机械振荡实现的，在烹饪中则是以盖紧锅盖加热所造成的沸水振荡作用形成的。

6. 温差幅度。食用油脂的温差幅度很大，在加热之后，油脂的温度很容易升高，而且能达到极高的温度（沸点），有的甚至可以超过300℃。由于食用油脂温差幅度很大，在烹饪中，适当运用油温，可以使制品形成不同的质感、味感，这也是食用油脂在烹饪中广泛使用的原因之一。

7. 水解和氧化。食用油脂在酸、碱、酶及热的作用下能发生水解。在烹饪中一般性的加热能使油脂部分地水解出脂肪酸，因此能促进人体对油脂的消化吸收。食用油脂在空气中还能自发地进行氧化并生成过氧化物，产生酸臭和口味变苦的现象，使食用油脂降低了食用价值。所以，在保管食用油脂时，避免长时间在空气中露放，是防止油脂氧化的关键。

8. 热变性。食用油脂在烹饪过程中，由于长时间加热或温度过高可发生粘度增高或经水解后再缩合成大分子量的醚型化合物，产生刺激性气味等变化，使其味感变劣，丧失营养，甚至还会产生毒性。所以在烹饪中使用食用油脂必须控制适当的温度，既达到烹饪的目的，又要不使其发生劣变。

三、食用油脂在烹饪中的作用

由于食用油脂的主要成分是脂肪，因此，它是人体所需要的脂肪营养素的重要来源。除为人体提供必要的热能之外，还是构成体内脂肪组织和体内细胞的重要成分。食用油脂不仅用于食品工业制造糖果、糕点等，而且是烹饪中被广泛使用的烹饪原料，它既保证了人体对脂肪的需要，又促进了对烹饪产品的生产。食用油脂在烹饪中有着十分重要的地位和作用。

（一）作为热媒介物

食用油脂是烹饪中重要的传热介质，炸、煎、贴等烹调方法以及划油、过油等都是通过油脂将热传给食品使之成熟达到烹饪目的的。由于食用油脂有传热快、温差幅度大的特点，能使食品达到人们需要的质感要求，形成特殊的风味。

（二）作为调味料

某些食用油脂品种具有良好的色泽和香味，比如炒菜或拌制凉菜时淋一些芝麻油，其制品便有独特的滋味和香味；又如菜肴鸡心油菜因鸡油的使用，使菜肴的色泽和口味都有很大的改善。

（三）作为主料

食用油脂是一些点心制作不可缺少的主要原料，例如以油酥面团制作的点心，必须掺入一定比例的油脂，按一定的操作程序和要求进行揉制加工，才能使制品起酥并层次清晰，达到应有的质量标准。

（四）作为烹调的润滑剂

在菜肴烹调时，原料下锅一般都需要少量的油脂滑锅，一方面防止原料粘锅和原料之间相互粘连，另一方面通过原料与油脂的翻拌，使原料吸附油脂，增加菜肴的滋味和亮度。

四、食用油脂的分类

食用油脂的品种很多，按其来源可分为植物油脂和动物油脂两大类；按其熔点的高低可分为液体油脂和固体油脂两大类。植物油脂又根据原料的类别不同分为花生油、豆油、菜籽油、芝麻油、棉籽油、葵花籽油等。每种油按其加工方法和加工程度又分为各种等级，如花生油可分为毛花生油、过滤花生油和精炼花生油三种。食用动物油脂根据原料的类别不同可分为猪脂、牛脂、羊脂、鸡油、鸭油等，每种油脂按加工程度的不同分为生和熟两种。

此外，食用油脂还可按其熔点和消化率划分，如熔点低于37℃的各种植物油及精炼的猪油、乳油、禽类和鱼类脂肪等，消化率为97%~98%。熔点高于37℃的牛、羊油脂消化率为90%。熔点在50℃~60℃的油脂则不易消化。

五、主要食用油脂品种

（一）食用植物油

1. 豆油。从大豆中压榨出来的，有冷压豆油和热压豆油两种。冷压豆油的色泽较浅，生豆味淡。热压豆油由于原料经过高温处理，其出油率虽高，但色泽较深，并带有较浓的生豆气味。从综合利用情况看，冷压豆油比热压豆油好，因为冷压后的豆渣仍可以制作豆制品，而热压后的豆渣一般作饲料。按加工程度的不同又可分粗豆油、过滤豆油和精制豆油。粗豆油为黄褐色，精制的大多数为淡黄色，粘性较大。使用变质大豆所榨的油为深棕色。豆油在空气中放久后，油面会形成不坚固的薄膜。豆油较其他油脂营养价值高，我国各地都喜欢食用，东北地区食用较多。

2. 菜籽油。又名菜油或芸苔油。是由油菜籽榨出的油。普通菜籽油呈深黄色，有特殊气味，且具涩味，属干性油类。粗制菜籽油呈黑褐色，精制的则为金黄色。菜籽油主要产区以长江流域及西南各省为主，是我国的主要食用油脂之一，产量居世界第一位。

3. 花生油。从花生仁中提取的油。按加工方法和精制程度的不同，有毛花生油、过滤花生油和精制花生油三种。毛花生油呈深黄色，含有较多的水分和杂质，浑浊不清，但可食用。过滤花生油较为澄清，但不易保管，耐储性差。精炼花生油透明度较高，所含水分和杂质较少，因经碱制除去了游离酸，不易酸败，是良好的食用油。用冷压法提取的花生油，颜色浅黄，气味和滋味均好。用热压法提取的花生油，则为浅橙黄色，有炒花生的气味。花生油在夏季是透明的液体，到冬季则为黄色半固体状态，属半干性油脂。我国主要产区在华东、华北等地，各地区人民多喜食用。

4. 芝麻油。俗名麻油、香油。由芝麻提炼出来的油，因有特殊的香味，故称香油。按加工方法的不同，分为冷压芝麻油、大槽油和小磨香油。冷压麻油无香味，色泽金黄多供出口。大槽油为土法冷压麻油，香气不浓。小磨香油是传统工艺方法提取的麻油，具有浓厚的特殊香味，呈红褐色。麻油的耐贮性较其他植物油为强，在保管中很少发生氧化酸败。我国麻油产量居世界第一位，约占世界总产量的三分之二。河南、湖北两省为主要产区。芝麻油的消费以北方为主。

5. 棉籽油。从棉花籽中提取的油，可分为毛棉油、过滤棉籽油、半精炼棉籽油和精炼棉籽油四种。毛棉油呈黑红色，含有红色棉酚（棉酚是一种有毒物质，也是一种抗氧化剂），不能食用。过滤棉籽油可供食用，但需经高温处理，使棉酚分解，失去毒性。半精炼棉籽油是将棉籽油加碱炼制，再经过滤而成的，可食用。如再过滤一次即成为色泽浅淡的精炼棉籽油，其品质较好。棉籽油含有固体三甘酯，熔点很高，在气温较高的季节呈透明的液体，但在冬季则变为浑浊浓稠的半固体。固体三甘酯在工业上可作为人造奶油的原料。

6. 米糠油。从大米的谷皮中提制的油，是近年新开辟的食油。米糠油对人体除具有其他油脂的营养功能外，还含有较多的人体所需要的油酸、亚油酸及谷维素，对降低人体血清胆固醇的浓度有较好的效果，有防止动脉血管硬化的功能，被称为非常合适的食用油脂。米糠油熔点很低，粘度小，易被人体消化吸收。由于它的营养价值及生产原料的丰富，已为人们所重视，被越来越普遍地使用。

7. 玉米油。从玉米中提炼的油，为一种新型食用油。玉米油色泽淡黄透明，内含60%脂肪酸，具有与米糠油同样的营养功能，其熔点低，易为人体消化吸收。在烹调中，对于旺火急炒的菜肴，较能保持其色彩和香味。

食用植物油脂除以上七种外，随着人们视野的开阔和现代科学的发展，越来越多地被开发使用，如猕猴桃油、油莎豆油等。它们都是油质纯正、性能稳定、不易酸败的优质食用油，正在被人们逐步运用。另外还有椰子油、红花籽油、棕榈油、茶籽油、葵花籽油等，亦为人们所食用。对食用植物油脂的加工精度较过去大有提高，目前市场供应的多为精制油和由多种油料一起加工的复合油。油的纯度、色感大大提高，但口感明显缺少原有的滋味和香味。

（二）食用动物油脂

食用动物油脂是通过对动物性的脂肪组织进行熬炼提出的，通常的方法有干炼法和水煮法两种。干炼法就是把生的动物性脂肪原料直接放入锅中熬炼。水煮法则是将其与水共煮或让蒸汽直接进入生脂原料中，使细胞受热破裂，油滴溶出，水分蒸发掉后油即可取出。水煮法提取的油脂质量优于干炼法。

1. 猪油。猪油是从猪的脂肪组织板油、肠油（即水油、网油）和皮下脂肪层肥膘中提炼出来的。从猪的骨骼中提取的油，称为骨油。用板油熬炼的猪油质量较优。优良的猪油在液态时透明清澈；在10℃以下成固态时，呈白色的软膏状，有良好的滋味。带有浅黄色及淡灰色的质较次。

猪油的熔点较羊油、牛油为低，一般低于人的体温，容易被人体吸收，是饮食业使用最普遍的食用油脂。

猪油存放时间不宜过长，特别在温度高的夏天极易与空气接触而发生氧化，致使酸败变质。酸败变质的猪油会产生“哈喇味”，不宜食用。

2. 牛油。牛油是牛体中的脂肪组织熔炼而成。优质的牛油凝固后为淡黄色或黄色。如呈淡绿色或淡灰色则质较次。在常温下呈硬块状态。牛油的熔点高于人体的体温，不易被人体消化吸收，在烹调中使用很少。

3. 羊油。羊油是从绵羊或山羊的体内脂肪中提炼出来的。优质的羊油经熔炼冷却后，呈白色或淡黄色；带有轻度淡灰色或淡绿色的质较次，色泽再深时，即不能食用。在常温下，比牛油更硬。绵羊油膻味较轻，山羊油膻味较重。羊油不易消化，在烹调中使用极少。

4. 黄油。即乳脂，又称白脱。由牛乳中取得的油脂。其加工方法为：将牛乳用油脂分离机分出稀乳脂后，经发酵（或不发酵）、搅拌、凝集、压制即成黄色固体状的黄油。黄油含脂肪在80%以上，其余大部分为水和少量乳糖、蛋白质、维生素、矿物质与色素等，营养丰富。在西餐中运用广泛，因制法不同有淡和咸两种，可涂抹在面包上食用或供配制糕点、糖果之用。

除上述的品种之外，平时见到的食用动物油脂还有鸡油和鸭油。鸡油和鸭油是从家禽鸡鸭的脂肪组织中熔炼出来的。其熔点很低、颜色呈金黄色，量虽不多，但用其烹制的菜肴风味甚佳。尤其是鸡油，能增加菜肴的色泽和滋味。

（三）油脂复制品

油脂复制品是以食用油为原料进一步采取工艺处理或加入其他化学成分而形成的品种。

1. 色拉油。以植物油类制成，是在植物油进行脱胶、脱酸、脱色、脱臭等工艺程序之后再进行冷却，析出并滤去高熔点的固体甘油酯使之与液体油分开，所得到的液体油。

色拉油因去掉了通常油中存在的尘埃、胶质、游离脂肪酸、粘质物、色素和有臭物质等杂质，纯度大大提高，油质透明，是良好的烹饪食用油。

2. 人造奶油。是由植物油和动物油按一定的配合比例混合加入乳成分的脱脂乳粉、香料、食盐、着色剂、维生素、保存剂、抗氧化剂及乳化剂（水和油一般不能混合，为使之能够达到完全混合状态即所谓乳化状态而加入的添加剂物质称作乳化剂，乳化剂一般有甘油一酸酯、甘油二酸酯、大豆卵磷脂等）、水等混合乳化处理、急速冷却、固化等工序制成。制品有半流动状和适当硬度固体状。可作面包饼干等食品的涂抹食用，使之带有奶油的香味、也可作馅饼、点心馅心使用，在西餐中应用较广。

3. 起酥油。使用动物油脂作主要原料，添加各种乳化剂，急速冷却混合搅拌熬制，然后包装置于20℃~30℃的室内保存二天，使之熟化，提高成品结晶稳定性制成。起酥油的特性主要是起酥、酪化、增稠。可用于糕点、面包、烤点心的制作，在欧美的油炸食品中，也有使用。

4. 粉末油脂。以油脂和乳化剂、明胶、酪朊等蛋白质或者淀粉等在水中进行乳化，然后将其喷雾干燥使之形成粉末状态，其特征是油脂的微粒被胶体物质所包裹，与外界空气隔断，因而可以长期保存。粉末油脂可在食品工业中使用，也可使用于烹饪中，做汤菜、炒菜、烧菜的辅助料。

第二节　淀　粉

淀粉是一种由高分子组成的多糖类化合物。烹饪中使用的淀粉主要从粮食类及块根类的蔬菜、豆类和干果类的果实、种子等植物性原料中加工提制的。加工后纯净的淀粉又叫生粉、澄粉、在烹饪中有特殊的作用，是重要的烹饪原料。

一、淀粉的特性

植物中的淀粉是糖类的主要存在形式，它们在植物细胞内呈颗粒状态。一般有两种结构，即直链淀粉和支链淀粉，在淀粉中的比例一般为15%~25%比75%~85%。其特性如下：

（一）物理性质

经加工提取并脱水的淀粉为白色粉末，手感滑爽、细腻、吸湿性很强，无甜味，不能溶于凉水，比如将淀粉放入凉水搅拌后，淀粉能全部沉淀于水底结合在一块。但是淀粉能在热水中“分散”，达到适当的温度（一般在60℃~80℃）便在水中溶胀、分裂，形成均匀的糊状溶液，这就是淀粉的糊化作用。淀粉的糊化作用过程可分为三个阶段：①可逆吸水阶段。水分进入淀粉粒的非晶质部分，体积略膨胀，此时冷却干燥，颗粒可复原。②不可逆吸水阶段。随着温度升高，水分进入淀粉结晶间隙，不可逆地大量吸水，使结晶溶解，淀粉粒膨胀达原来容积的50~100倍。③淀粉粒最后解体全部进入溶液。在烹调中，菜肴勾芡的过程，就是淀粉分子糊化作用的原理。

（二）化学性质

淀粉很易水解，当与水一起加热发生糊化作用形成糊状溶液时，与无机酸继续加热，可依次产生糊精、饴糖，最后彻底水解为葡萄糖。工业上就是以水解的作用进行制糖的。食物中的淀粉亦能在口腔中经咀嚼和唾液中淀粉酶的作用部分地水解为小分子的单糖，使之感觉到甜味。

二、淀粉在烹饪中的作用

淀粉是食品工业重要的原料，用它可制取食用糖，也可经适当的处理，使其物理性质发生改变以适应特定的需要，如作食品生产的增稠剂、赋形剂使用，以及用于肉汁、调和液、饼馅等，改善食品的抗冻及凝冻性能。在烹饪中淀粉使用也很广泛，其作用有以下几方面：

（一）作为蔬菜原料使用

淀粉在热水中形成糊状溶液后冷却能形成固态的凝胶，据此可以加工成各种淀粉制品，如粉丝、粉皮和凉粉等。这些淀粉制品可作为蔬菜原料，用拌、烧、烩、氽等方法制成各种菜肴。

（二）作为挂糊、上浆的原料

淀粉加入水或加入鸡蛋等其他原料搅拌成厚糊状可用于菜肴制作中的挂糊、上浆，干淀粉也能给菜肴半成品拍粉。菜品经挂糊、上浆或拍粉后，在高油温下能形成一种保护膜，保护菜肴原料内部营养成分及水不损失，保持成品的鲜嫩及原料外形完整，使菜肴形成独特的风味特色。比如，醋熘鳜鱼，鱼挂上水淀粉糊，经油炸制后，鱼体表面的淀粉层，既保持鱼体水分，又使外部达到了酥脆的质感，调味汁易于渗透到鱼体内部，保证了菜肴外酥里脆鲜嫩的要求。

（三）作为勾芡的原料

为增加菜肴的滋味，大多数的菜肴需要勾芡。淀粉是勾芡的主要原料。用淀粉与水和成稀糊状在菜肴即将成熟出锅时淋入，利用淀粉的糊化性质，可使菜肴的汤汁形成有粘性的卤汁，达到融和口味，并紧附菜肴原料，突出味感的目的。因糊化的淀粉溶液有光亮，所以还能使菜肴增加色泽光度，呈现良好的外观性状。

除上述作用之外，淀粉还能直接用于制作菜肴，比如藕粉富含淀粉，可做甜菜、甜羹。有的淀粉可做点心，如各式澄粉蒸饺。

三、淀粉主要品种

用于烹饪中的淀粉，根据其加工的原料不同，常见的有菱角淀粉、土豆淀粉、豌豆淀粉、绿豆淀粉、小麦淀粉及甘薯淀粉等。

1. 菱角淀粉。由水生植物菱的果实加工而成，质量最好，呈粉末状，颜色洁白且有光泽，用手搓碾，细腻而光滑，粘性大，但吸水性较差，产量也很少。

2. 土豆淀粉。由马铃薯制成，色洁白，有光泽，质地细腻，粘性大，吸水性较差。干淀粉放在手中搓揉会发出吱吱响声，质量与菱角淀粉差不多。

3. 绿豆淀粉。由绿豆加工而成，质量同菱角淀粉差不多，多用于淀粉制品，如凉粉、粉皮、粉丝等，制品韧性强，色白而带有淡青色。在烹饪中勾芡使用，效果好，无沉淀物。有的地方亦用豌豆淀粉，也通称豆粉，质量与绿豆淀粉相同。

4. 小麦淀粉。又称小粉，是小麦粉做面筋的副产品，多为湿淀粉。干制后又称生粉，色白，质量次于菱粉，饮食业中普遍使用。易沉淀于水底，使用时需搅匀。

5. 甘薯淀粉。由甘薯加工而成，质量较差。特点是体轻、粘性差、色灰暗、质粗糙，但吸水性较强，勾芡使用时须多用一点，亦能作淀粉制品。

此外，还有玉米淀粉、藕淀粉、木薯淀粉等。常见的淀粉又可分干淀粉和湿淀粉，湿淀粉是指加工后未脱水晒干而直接供应的。在饮食业中，干淀粉加水调成的粉汁，习惯上也称为湿淀粉。

四、淀粉制品

（一）粉条

粉条又叫粉丝、线粉，都为干制品。是淀粉制品的主要品种，是人们喜欢食用的副食品之一。粉条的形状有圆、扁、粗、细多种，豆类、粮食、薯类的淀粉都可加工，全国各地均有生产。豆类淀粉制成的粉条质量较好，洁白坚韧，煮后柔软并富有弹性。久煮不易断碎，其中以绿豆、蚕豆粉条质较优。土豆粉条色较青耐煮不化条，透明色白，仅次于绿豆粉条。甘薯粉条略带灰色，味甜，易化条，但涨发率较高。

粉条的营养成分主要为淀粉糖，在烹饪中可单独成菜，亦可作原料，食用以汤、烧、烩等方法为多。使用时，应用温水泡软。

（二）粉皮

粉皮是用淀粉制成的圆形薄片，可分为鲜品和干品两种。淀粉经调糊、加矾、加热凝结冷却、叠层而成。干粉皮适于夏天制作，以绿豆为原料。鲜粉皮水分大，难保管，现做现用为宜。因在制作时加入矾，食用前须用开水略烫去除涩味。绿豆粉皮透明、柔软、弹性大，发青光。豌豆粉皮粘性大、色白。蚕豆粉皮色白、发硬、耐煮。土豆粉皮发梗、色发乌。

干粉皮食用前须用凉水洗净，再用温水泡软，以烧法为多。鲜粉皮多为凉拌作冷菜或小吃。与鲜粉皮性质相同的还有块状丝状的凉粉，食用方法与鲜粉皮同。

第三节　食用油脂、淀粉的品质检验与保管

一、食用油脂的品质检验与保管

（一）食用油脂的品质检验

食用油脂的品质检验在饮食业一般用感官检验方法，具体方法如下：

1. 气味。每种动植物油脂都具有特有的气味。油脂的气味可以说明原料状况、加工方法及油脂质量好坏。但所采用原料的质量、精炼程度及保管条件等也会影响到油脂的质量。食用油脂不应有酸败、焦糊及其他异味。

2. 滋味。除小磨麻油外，品质正常的食用油脂多无任何滋味。品质较差的油脂可能带有轻重不同的酸败味。影响滋味的因素与影响气味的因素相同。

3. 色泽。各种食用油脂都带有深浅不同的颜色，这是在加工过程中，油料含有的色素溶入油脂中形成的。其色泽的深浅常与加工方法、油料质量、精炼程度等有密切关系。例如同一油脂的色泽，热压油常深于冷压油，精炼油常浅于粗制油。

4. 透明度。透明度可以说明食用油脂中杂质的种类、数量和性质。品质正常的油脂在液态时应当完全透明。食用油脂中所存在过多的水分、蛋白质、磷脂、蜡及其他油质和变质后所产生的高熔点物质，均能引起油脂的混浊，使透明度下降。

5. 沉淀物。沉淀物是指液体状态时食用油脂在常温下静置24小时后所能下沉的物质。油脂沉淀物的多少与精炼程度及加工方法有关。油脂的质量愈高、纯度愈高、沉淀物就愈少。

（二）食用油脂的保管

1. 影响食用油脂变质的因素。食用油脂在保管过程中由于不良条件的影响会产生许多能降低品质的变化，最主要的变化是油脂的酸败现象。当油脂发生酸败时，油脂的滋味、气味就会发生变化，严重时不能食用。食用油脂的酸败，决定于很多因素，其中最主要的有日光、水分、温度、氧、杂质和金属等。

（1）日光。油脂受光照射会加速酸败，因为油脂中的不饱和脂肪酸双键，能强烈吸收紫外光，引起链式反应，加速过氧化物的形成。

（2）水分。水分对油脂的氧化酸败影响很复杂，当油脂中含水量高时，因水解的作用对油脂的酸败有加速的影响，水也有助于微生物的繁殖，使油脂降低质量。

（3）温度。油脂的氧化酸败速度随温度增高而增高。油脂在较高的保管温度下，不仅使油脂氧化、水解加快产生酸败现象，而且形成过氧化物速度也加快，同时有利于微生物的繁殖。

（4）氧。空气中的氧，对油脂的氧化酸败起着决定性的作用。油脂在空气（不隔绝）中存放，随着空气中氧分压的增加，自动氧化速度也增加。如果油脂在与空气隔绝或氧气不足情况下，即使处于较高的保存温度和含有较多的水分，酸败作用的进行也极缓慢。

（5）杂质。油脂中杂质的多少不仅影响了油脂质量，而且由于油脂中的营养成分有助于微生物的繁殖生长，也能促进酸败的进行。

（6）金属。重金属是强有力的油脂氧化催化剂，如铜的含量即使在百万分之一以下，也能加速油脂的酸败。极微量的铁也能引起油脂的迅速酸败。

油脂的酸败是一种复杂的化学变化。食用油脂产生酸败现象后，其理化性质及感官性状均会发生变化。如油脂产生苦的、酸的和辛辣的气味和滋味，色泽变深或变浅，发生混浊现象，透明度降低，沉淀物增加等。因此，食用油脂在保管中防止酸败是必须注意的重要问题。

2. 食用油脂的保管方法。防止食用油脂的酸败，主要的是防止促使油脂酸败的各种因素的产生，采取有效的保管方法和选择良好的环境改善保管条件。

食用油脂在低温下保管较好。在0℃时，熬炼好的食用动物油脂可以保管两个月左右，在-2℃以下可以保管10个月不发生变化。食用植物油脂不必保管在很低的温度下，但保管处所应当是凉爽，最适宜的温度为4℃～10℃之间。

食用油脂在保管过程中，要尽可能避免受气温的影响，避免日光的直接照射，注意清洁卫生，减少与空气的长期接触，避免使用含有铜、铁、锰等元素的容器以及易被氧化的塑料用具，防止外界水分滴入油脂和污秽物质的混入。如发现油脂有变质的现象应及时使用或进行处理。夏天，猪油特别易变质、造成气味不正，吃时有刺喉咙的哈喇味，放些茴香或白糖加热，能使其有所缓解。如已完全变质，应停止使用，以免影响人体健康。

二、淀粉的品质检验与保管

淀粉的品质因不同的加工原料而有差别，因此，对淀粉的品质检验，除了考虑其固有的品质外，应该从淀粉的加工纯度，有否其他杂质以及含水量等方面加以检验。淀粉的纯度愈高，杂质愈少、含水量越低，其品质也愈好。

对淀粉的保管应注意防潮与卫生。干淀粉吸湿性很强，保管时间过长或保管空气湿度过大，都易因吸收空气中水分而受潮变质，产生霉臭味。干淀粉也极易吸收异味，所以干淀粉应存放在干燥的地方并尽量避免与其他物料放在一起。如果是湿淀粉，首先要尽量缩短存放时间，一时用不完应勤换水，加盖放置，避免污物入内。换水时应先将淀粉与水搅和，待淀粉沉淀后，再倒掉，换上清水。平时须放在阴凉的地方，避免在高温和闷热的环境中存放，防止湿淀粉受热发酵而变酸。一旦发酵变酸便不能使用，否则也能使菜肴有酸味产生。

思考题

1. 食用油脂有哪些基本性质？含有哪些化学成分？
2. 食用油脂在烹饪中有何作用？举例说明。
3. 常用的食用动、植物油脂有哪些品种？它们各自的性状如何？
4. 影响食用油脂品质的因素有哪些？品质检验的指标是什么？怎样保管食用油脂？
5. 淀粉有何性质？在烹饪中有哪些作用？
6. 淀粉有哪些品种，它们各自的性状如何？
7. 怎样保管淀粉？

第十章　调味品

第一节　概　述

调味品是烹饪过程中主要用于调配食物口味的一类烹饪原料，通常又称调料。

调味品的种类甚多，有的来自天然的植物花蕾、种子、皮、茎、叶等，也有的来自天然矿物性物质，还有的是经人工酿造和提炼的产品。它们共同的特点是都具有一定的芳香和呈味性。

一、学习调味品知识的重要性

我国调味品的应用及生产加工有悠久的历史，对调味品作用的认识比较深刻。据《吕氏春秋·本味篇》记载，早在周代民间就有酱和醋等调味品的生产，生姜、葱、桂皮、花椒等在周代之前已普遍使用，多种谷物酿造的酒则在商代就已出现。《周礼·天官》一书中还记载了根据季节的不同总结出“凡和、春多馥、夏多苦、秋多辛、冬多咸，调以滑甘”的调味规律。《吕氏春秋·本味篇》也指出了“酸而不酷，咸而不减，甘而不浓，誉而不薄，辛而不烈”的调味标准。

对调味品的不断认识和应用，为我国烹饪技术的发展及地方风味特色的形成起着重要的作用。它不仅为美味食品的制作提供了物质条件，丰富了烹饪的内容，而且为烹饪中调味手段、方法和规律的深入研究提供了实践的基础。我们学习和研究各种调味品的性质、特点、作用及应用等方面的知识，是全面、系统地掌握烹饪原料知识的重要内容，对提高烹饪技术，运用调味规律，烹制出口味完美的菜点具有重要的指导意义。

二、调味品的种类及化学成分

各种调味品具有不同的调味作用，因为它们有自己特定的呈味成分，即化学成分。化学成分的呈味性与其化学成分的特性有极密切的联系。不同的化学成分可以通过对人们不同部位的味觉器官的作用引起不同的味感，这就是我们通常感觉的咸、甜、酸、苦、辣、鲜和香等味感。现将可以引起各种味感的化学成分分析如下：

1. 咸味。咸味主要来源于氯化钠，氯化钠通常称为食盐，是由化学元素氯和钠化合而成的结晶体，也是具有安全性的一种无机盐类。其咸味较其他盐类显著和纯正。其他的一些盐类物质一般都有咸味，但由于化学成分的不同往往杂有苦味。例如，粗盐发苦，是因含有钾、镁的缘故。调味品中的酱油及酱类也具有咸味。其实它们都是含有食盐成分的加工制品，其咸味仍是氯化钠成分所致。

2. 甜味。甜味调味品有食糖、蜂蜜和糖精。食糖和蜂蜜的甜味主要由具有生甜作用的氨基（$—NH_2$）、羟基（—OH）、亚氨基（=NH）等基因与负电性氧或氮原子结合的化合物质产生。自然界中有机化合物的糖类，如葡萄糖、果糖、半乳糖、蔗糖和麦芽糖等是为上述含有甜味的不同化学成分所构成，所以都具甜味。食糖是人工种植的甘蔗、甜菜等植物中的糖类成分提炼而成，主要成分为蔗糖，蔗糖的甜度，除果糖及木糖醇之外，较其他糖类为甜。但与温度有一定的关系，当温度大于50℃时，蔗糖较果糖甜。食糖的甜度因加工提炼的方法和加工程度不同而有差异，如红糖一般比白糖、绵白糖甜。蜂蜜是由人工养殖的蜜蜂采花粉酿成，其成分比较复杂，含有多种糖类，甜度较强。糖精是人工合成的甜味调味品，甜味由化学生成物糖精钠产生，在味感上有很强的甜味，但对人体毫无营养价值，甚至对人生理机体有所危害，现被限用或禁用。

3. 酸味。酸味是由有机酸和无机酸盐类分解为氢离子所产生，不同种类的酸有不同的酸味感，在同样的pH值下，有机酸比无机酸的酸感要强。调味品中有酸味的品种主要有食醋、番茄酱等，变质的酱油及酒也存在酸味。食醋的酸味来于醋酸，番茄酱的酸味主要为柠檬酸所致，它们都属有机酸类。有机酸是一种弱酸，能参与人体正常代谢，一般对人体健康没有影响，能溶于水和乙醇。

4. 鲜味。鲜味是食物的一种美味感。调味品中味精、虾籽、蚝油、鱼露、酱油等都有鲜味，呈味成分有核苷酸、氨基酸、酰胺、三甲基胺、肽、有机酸等物质。如味精、酱油的鲜味感主要由氨基酸类的谷氨酸钠所致。虾籽、蚝油、鱼露的鲜味为核苷酸的组氨酸酯、氨基酸、肽、酰、酰胺、三甲基胺、琥珀酸等成分综合产生。调味品中的鲜味成分，不仅能增加食物的美味感，而且也是人体所需要的营养物质的来源之一。

5. 辣味。具有辣味的调味品种很多，它们的呈味成分复杂。辣味是一种强烈刺激性味感，由一些不挥发的刺激成分和有一定挥发性成分刺激口腔黏膜所产生，一般可分火辣味和辛辣味两类。火辣味在口腔中能引起一种燃灼感的辣味，辣椒和胡椒的辣味属此类。辛辣味是有冲鼻刺激感的辣味，除作用于口腔黏膜外，还有一定的挥发成分刺激嗅觉器官，姜、葱、蒜、芥籽等的辣味属此类。但不同品种的辣味感与具体的辣味成分有关，比如辣椒的辣味由辣椒素和三氢辣椒素成分产生；胡椒中的辣味却是胡椒碱形成；姜的辛辣味则由姜酮和姜脑构成；葱、蒜的辛辣成分为硫醚化合物的分蒜素所致。

6. 香味。香味是挥发性香气物质气流刺激鼻腔内嗅觉神经所产生的刺激感，其成分主要是挥发性的芳香醇、芳香醛、芳香酮以及酯类和萜烃类等化合物质。常用的香味调味品大茴香、小茴香、丁香、桂皮、花椒以及黄酒、香糟、芝麻油、桂花酱等都含有上述不同香气成分的化合物质。香味一般要在烹调过程中才能产生。不同的香气成分，都有不同特点的香味形成，根据不同菜肴的要求，使用不同香味的调味品，是促使菜肴形成具有不同香味的关键。

在食品加工中广泛运用的人工合成的香精也有香味。香精的香味是根据天然花果的香味类型，运用各种酯类、醛类、酮类、醇类物质按不同的比例加工而成的，其成分基本与天然香料的成分相同，因此香精往往具有各种天然花果的香味，如香蕉味型、茉莉花味型、薄荷味型等。

7. 苦味。苦味是分布广泛的味感，最易被感知，来源于许多有机和无机的物质，具本身并不是令人愉快的味感，但当与甜、酸或其他味感恰当组合时能形成一些食物的特殊风味。如苦瓜、莲子、白果等都有一定苦味，但均被视为美味食品。食物中的苦味物质，重要的有生物碱和糖苷两大类，如咖啡因、可可碱及苦杏仁苷等。调味品陈皮就是典型的苦味，它主要的苦味物质是糖苷的柚皮苷和新橙皮苷成分，在烹调中使用有独特的作用。

三、调味品在烹饪中的作用

调味品的品种很多，但每一个品种都含有区别于其他原料的特殊的呈味成分。这是调味品共同的基本特点，加之在烹饪中，准确地使用调味品，运用不同的调味手段和方法，便能使调味品充分地发挥其调味的作用。根据调味品的特殊呈味成分，调味品作用主要表现在几个方面：

1. 除去烹饪食品的腥臊异味，调和并突出正常的口味。因为调味品也像其他原料一样，在烹饪过程中会发生各种物理和化学变化。一方面，调味品的特殊成分能溶解、分化、挥发食物中不良的异味；另一方面，调味品的特殊成分渗透并停留在食物中，以至改变了食品原有口味，增进了美味。比如酒、姜等通过它们的挥发性物质使食物中的一些异味挥发，起到调味的作用。

2. 改善食品的感观性状，增加菜点的色泽光彩。各种调味品本身都具有一定的色彩，根据菜肴制作所需要的色彩要求便可选择相应的调味品。如有色的炒菜、烧菜可使用酱油、红糖、番茄酱等。

3. 增加食品的营养成分，提高食品的营养价值。调味品与其他烹饪原料一样，一般具有可食性，含有人体所需要的营养物质。通过对调味品的使用，不仅起到调味和增强色观的作用，而且也使食品的构成成分发生变化。比如盐能为人提供丰富的氯化钠等无机盐，酱油、味精、糖等含有不同种类的氨基酸和糖类。某些调味品还具有[illegible]人体生理机能、治病、防病的功用。因此随着人们对调味品作用的认识不断深化，一些既具有调味作用，又有营养作用的调味品相继问世，如含碘量高的碘盐、补血酱油、VB_2 酱油等。

4. 杀菌消毒、保护营养。有些调味品的成分具有杀灭或抑制微生物生长繁殖的作用。比如在冷菜制作中，利用食盐、姜、葱等调味品就能杀死微生物中的病菌，提高食品的卫生质量。又如，食醋的醋酸成分既能杀灭病菌，又能保护维生素不受损失。

除此之外，由于调味品能有效地发挥其作用，使食品在色、香、味及营养卫生等方面达到良好的效果，从而可以诱人食欲，促进人体对食物的消化和吸收。

四、调味品的分类

调味品的种类很多，它们各自的来源、外观形态、内部化学成分以及特性各不相同，具体的调味作用也不相同。因此，对各种调味品加以合理的分类，是熟悉调味品以及掌握调味品的性质和运用的重要内容。调味品的分类方法较多，可以从不同的角度进行划分，从目前的情况看一般有以下三种方法。

（一）以调味品的加工方法分

1. 酿造加工类。即以粮食原料通过发酵酿制的调味品。如酱油、酱类、酒、醋、味精、香糟等。

2. 提炼加工类。即从某些原料中提炼熬制而成的调味品。如食用糖、食盐等。

3. 采集加工类。即通过对植物的花、果、籽、根、皮、叶等采集加工的调味品。如花椒、胡椒、桂皮、陈皮、丁香、茴香及葱、姜、蒜等。

4. 复制加工类。即以调味品原料经进一步加工的调味品。如芥末粉、胡椒粉、咖喱粉、五香粉、番茄酱等。

（二）以调味品的形态分

1. 固态类。如糖、盐、味精、香料等。

2. 液态类。如酱油、酒、醋、辣椒油等。

（三）以调味品的呈味性分

1. 咸味类。如食盐、酱油以及以咸为主或带有咸味的各种酱类等。

2. 甜味类。如食糖、蜂蜜、饴糖等。

3. 酸味类。如食醋、番茄酱等。

4. 鲜味类。如味精、虾籽、蚝油、虾油、鱼露等。

5. 辣味类。如胡椒粉、辣椒粉、芥末粉、辣椒酱、辣椒油等。

6. 香味类。如酒、酒糟、桂皮、八角、花椒、丁香、五香粉、桂花和香精等。

7. 苦味类。如陈皮、茶等。

上述调味品分类的三种方法，各有优点和不足。以调味品加工方法分类，能较全面地反映调味的来源和基本特点，但不能反映各种调味品固有的特性和作用。以调味品的形态来分类比较简单，但也不能反映调味品的全貌，不利于对调味品的全面系统的认识。以调味品呈味性分类是目前较为合理的一种，被饮食业所接受，它比较明了、准确，能全面地反映各种调味品的特性和作用，下面我们将以此种方法介绍常见的调味品品种。

第二节　调味品品种

一、咸味类

咸味是一种能独立存在的味，是烹饪中的主味，被称为“百味之主”，是绝大多数菜肴复合味形成的基础味。不仅一般菜品离不开咸味，而且可与其他的味相互作用，产生一定程度上的口味变化。若与酸味相结合，少量食盐可使酸味增强，微量食醋可使咸味增强；若与甜味结合，可使甜味突出，而适量的糖可降低咸味；与鲜味结合，则可使咸味柔和，鲜味突出。

（一）食盐

食盐是人们日常生活中不可缺少的食品之一，每人每天至少需要10~15克，才能保持人体心脏的正常活动和维持正常的渗透压及体内酸碱的平衡。在烹饪中，食盐又是制作菜肴最基本的调味品，不仅能增加菜肴的滋味，而且有一定的凝固、粘接作用，使上浆原料及茸泥“上劲”增加粘稠力，还能促进胃消化液的分泌，增进食欲。此外，食盐还是一种防腐剂，利用盐很强的渗透力和杀菌作用保藏食物，如腌菜、腌肉、腌鱼、腌蛋等。盐在工业上用途也很广，又是重要的工业原料。

我国食盐资源很丰富，不仅能充分满足国内人民生活和化工生产的需要，而且还可以组织出口。

我国所产的食盐主要有下列四种：

1. 海盐。由海水晒取，是食盐的主要来源，约占我国食盐总产的84%以上。主要产区有辽宁、河北、山东、江苏等地。

2. 井盐。用地下咸水熬制而成。我国四川、云南均有井盐生产，而以四川自贡井盐的产量最多。井盐的产量占盐总产量8%左右。因形状的不同，又分花盐、巴盐、筒盐、砧盐四种。

3. 池盐（又称湖盐）。我国的池盐是天然产品，资源十分丰富。从内陆的咸水湖中捞取不再加工即可食用。青海的茶卡，察尔汗和内蒙古的雅布赖都是著名的池盐产区。

4. 矿盐（又称岩盐）。矿盐是蕴藏在地下的大块盐层，经开采后取得，产量较少，仅占总产量的1%左右。无机盐含量很高，氯化钠含量达99%以上，接近加工的精制盐质量，但缺乏碘质。新疆、青海等均有生产。

食盐按加工程度的不同，又可分原盐（粗盐）、洗涤盐、再制盐（精盐）等。原盐是从海水、盐井水直接制得的食盐晶体，含有较多的杂质，除含氯化钠外，还含有氯化钾、氯化镁、硫酸钙、硫酸钠和一定量的水分，所以有苦涩味。洗涤盐是以原盐（主要是海盐）用饱和盐水洗涤的产品。把原盐溶解，制成饱和溶液，经除杂处理后，再蒸发，这样制得的食盐即为再制盐。再制盐的杂质少，质量较高，晶粒呈粉状，色泽洁白，多作为食用。另外还有人工加碘的再制碘盐，为一些缺碘地方食用。再制盐再经加工可作医药卫生之用。近年来，还逐步推出一些新产品，如鲜味盐、花椒盐、多味盐等，以满足人们不同的口味需要，是良好的居家食用盐品种。

（二）酱油

酱油是仅次于食盐的调味品，饮食业、家庭使用很广，全国各地均有生产。

酱油的成分比较复杂，除食盐外，还有多种氨基酸、糖类、有机酸、色素及香味成分。以咸味为主，亦有鲜味、香味等。它能增加和改善菜肴的口味，还能增添或改变菜肴的色泽。

酱油根据其所用的原料及生产方法的不同，基本可分酿造酱油和化学酱油两大类。

1. 酿造酱油。用豆饼、麸皮、食盐等原料加水，经蒸煮、制曲、发酵制酱坯、滤汁液诸过程，利用微生物发酵酿造而成。这种用发酵法生产的酱油味厚鲜美，风味尤佳，全国各地均有生产。著名的品种很多，如广东的“生抽王”，湖南湘潭的“晒制原汁”（龙牌酱油）、福建的双灯牌美味酱油等都比较闻名。

酿造酱油方法是我国古老的传统工艺，生产周期长，原料损耗大，出品率低，而且菌种不纯，容易产生有害物质。目前，我国酱油的生产工艺有了很大改进，多采用传统工艺结合现代工艺以低盐固态发酵法生产酱油，其发酵周期短，并采用人工培育的无害菌株，如“3.951”和“UV—1229”等黄曲霉菌株，不会产生有毒物质。由无锡太湖酱类食品厂和无锡轻工业学院联合研制出“961”酶制剂，对酱油生产工艺又有重大的改革。使用“961”酶制剂可以省去制曲等四道工序，直接酿造，每生产一吨酱油，可减少培养霉菌的面粉 62 千克，而且生产的酱油不含黄曲霉素，提高了食用安全性，氨基酸含量不减，味道仍然鲜美。

运用传统的工艺制作，选用不同的原料可制作不同的品种。如以鱼产品制作的鱼露，既有酱油的风味，又有鱼品特有的荤香味。又如，以蚕蛹酿造可制作蚕蛹油，其蛋白质含量高，味美而无异味。

为适合人体的需要，还可制作各种营养酱油，如适用高血压和心脑血管病患者的低钠盐酱油，该产品含有多种无机盐元素，但仍保持原有酱油的风味，不改变人们食用的习惯和口味；又如补血酱油、含有丰富的铁质、蛋白质、维生素等，是缺铁性贫血者的理想调味品；还有维生素 B_2 含量很高的酱油，这种营养酱油维生素 B_2 的含量在保存 4 个月后仍能保留 85%以上，煮沸加热亦能基本不受破坏。

以酿造的液体酱油加糖及其他调味原料可浓缩制成固体酱油。固体酱油一般为复合味酱油，除有普通酱油的特点外，还有因制作用料的不同而独有的风味，营养丰富，使用简易方便，是较好的酱油品种。使用时，将固体酱油用开水 5~6 倍冲泡溶解后即可，也可在烹调时直接放入菜肴中。

2. 化学酱油。用豆饼及盐酸、碱、盐、水等，利用盐酸将豆饼中蛋白质水解，然后用纯碱中和，经煮焖加盐水，再压榨过滤取得汁液，加入酱色制成。化学酱油生产方法简单，时间短，所含的氨基酸成分较高，味道很鲜，但没有酿造酱油那样的芳香味，且盐酸、纯碱及酱色都含有影响人体健康的有害化学物质，已停止生产。

（三）酱品

酱也是一种很好的调味品，在烹调中用途较广，许多菜肴都要用到，可作炒、爆等热菜的调味使用，也可作食用炸菜的蘸料使用，尤为川菜和凉菜中所常用。酱的品种很多，通常以咸味为主，但因用料不同，口味各有差别。酱属酿造制品，我国有悠久的制酱历史，流传于民间。过去制酱，多利用天然的霉菌自然成曲，以太阳热自然发酵，成熟慢，周期长，生产量低。现在采用通风制曲发酵新工艺，根据用料的不同，一般有三大类。

1. 黄酱。主要用料是黄豆饼，将黄豆饼粉碎加水拌匀经蒸煮制曲发酵制成。色泽金黄光亮、呈酱香、咸淡适口、味长略甜。根据制酱时加水的多少，有干黄酱和稀黄酱之分。

2. 面酱。以面粉为主要原料与食盐经发酵制成。工序一般为：面粉和水拌匀蒸制，冷却后接种制曲，再入池发酵后磨细即成。颜色红褐色或黄褐色，有光泽，味醇厚鲜甜。

3. 豆瓣酱。由面粉和大豆或蚕豆经发酵制成。生产工序为：豆用清水浸泡蒸熟，冷却后加面粉拌匀制曲，入池发酵后即成。颜色呈红褐或棕褐色，有光泽、酱香浓郁、咸淡适口、味鲜醇厚，是良好的调味品，主要产于四川、北京和安徽等地区。

以上述各种酿造酱，加入其他原料进一步加工便可制成各种口味的酱类。如在酱中加入肉、虾，即为肉酱、虾酱。如加入辣味原料即为辣酱，如加入磨制的芝麻、花生等即为芝麻酱、花生酱。

除上述介绍的酿造酱类外，一些将原料加工成糊状的食品也称酱，如番茄酱、辣椒酱等，其口味以加工的原料特性所决定。

二、甜味类

甜味也是能在烹饪中独立存在的一种味，也可参与其他味型的复合。使用甜味调味品，有调味、矫味、并在某些菜点中起着色和增加光泽的作用。

甜味调味品在使用时，温度、浓度对甜度有一定影响，温度高、浓度大、甜味就大，可以使咸味降低、酸味减弱。

（一）食糖

食糖是用甘蔗、甜菜原料加工制成的调味品，能增加菜点的甜味及鲜味，增添菜品的色泽，是甜菜品种的主要调味原料。在食品工业上，也是糖果、糕点、饮料生产的重要原料，食糖是人们日常生活不可缺少的食品。

食糖按制造方法，可分为机制糖和土制糖两大类，按色泽区分，可分为红糖和白糖两大类；按形状和加工程度的不同，又可分为绵糖、砂糖、冰糖和方糖等。现将食糖的主要品种介绍如下。

1. 白砂糖。是食糖中质量最好的一种，其颗粒为结晶状，均匀，颜色洁白，甜度稍低于赤砂糖或绵糖，但甜味纯正，烹调中常用。

2. 绵糖（又称绵白糖）。为粉末状，色泽洁白，甜味较纯，质量与白砂糖差不多，适用于烹调。

3. 赤砂糖。色泽亦黄，晶粒均匀稍大，甜度比其他糖类大，烹调中应用较广。

4. 土红糖（又称红糖）。是小型土法糖厂的产品，现逐步淘汰不生产，通常颜色有赤红、红褐、青褐、黄褐等，一般呈粉状，甜度较大，但不纯，有时有焦味，以色浅者质量较好，烹调中不常用。

5. 冰糖。是白糖的再制品，也可将浓糖浆直接制成，甜味纯净，质量较高。优质者可作药用，也可作糖果食品，在烹饪中多作甜菜或扒菜之用，如冰糖莲子，冰糖扒蹄等。

6. 方糖。是优质的白砂糖的再制品，主要用于制作清凉饮料。

（二）糖精

糖精是从煤焦油中提炼出来的人工甜味品，甜度为食糖的300~500倍，颜色洁白，多为结晶体，也有片状的。曾一度被广泛作为食糖的代用品，现一般只用在人造果子露等饮料及糕点食品中。糖精只有甜味，没有任何营养价值，不能为人体吸收。据研究资料表明，糖精长期使用能引起肾脏病变，影响人体健康，所以国际上一些国家已经禁用。在我国对糖精的使用量和使用范围也作了明确的规定。

（三）蜂蜜

蜂蜜是蜜蜂采花酿成，通常是透明或半透明的粘性液体，带有花香味。蜂蜜的主要成分为糖类，其中60%~80%是人体容易吸收的葡萄糖和果糖。主要作为营养滋补品、药用和加工蜜饯食品及酿造蜜酒之用，也可代替食糖作调味用。

（四）饴糖

饴糖是粮食类淀粉水解产生的双糖类，主要成分为麦芽糖，甜味不大，一般呈稠浓液态，色呈黄褐，可作糖色的原料。在烹饪过程中，通过稀释后常作烘烤制品的辅助材料，以增菜肴的色泽和香味。

三、酸味类

酸味在烹饪过程中是不能独立存在的味，必须与其他味合用才起作用，因此是构成复合味的主要调味品原料。酸味类的调味品主要为食醋。食醋在烹饪中是重要的调味品之一，以酸味为主，且有芳香味，用途较广，糖醋口味的菜肴以及腥膻味重的菜肴和冷制菜肴中都要用到。它能去腥解腻，增加鲜味和香味，能在食物加热过程中保护维生素 C 不受破坏；还可使烹饪原料中的钙质溶解而利于人体吸收，对细菌也有一定的杀灭和消毒作用。

食醋因原料和制作方法的不同，可分为酿造醋和人工合成醋两类；从色泽上分，又有白醋和红醋两种。

酿造醋的原料以含糖或淀粉的粮食为主，以谷糠、稻皮为辅料，经糖化，酒精发酵、下盐、淋醋等工序制成。因所用原料和酿造方法的不同，一般分米醋、熏醋、糖醋三种。

（一）米醋

米醋是以发酵成熟的白醋坯直接过淋的一种食醋。色泽黄褐，有芳香味，质量较好。根据其酸度的不同分为超级米醋、高级米醋、一级米醋（总酸度分别为 6%、4.5%、3.8%）。米醋除供调味食用外，在中药中可作药引。

（二）熏醋

熏醋又名黑醋，原料与米醋相同。不同之处是用成熟的白醋坯装入缸内在摄氏 80℃～100℃的高温下熏制 10 天左右，成为熏坯，再以熏坯和白坯各半，加入适量的花椒和大料，经过淋取的食醋即为熏醋。熏醋色泽较深，具有特殊的熏制风味，存放时间越长香味越浓。根据酸度不同分为高级熏醋、特级熏醋、一级熏醋（总酸度分别为 6.2%、5.5%、5%）。熏醋在烹饪中使用普遍，多用于直接食用。

（三）糖醋

糖醋主要原料是饴糖，加曲和水拌匀封缸发酵，经 60～100 天成熟后，取其上面澄清的透明液即为糖醋。其色泽较浅，也叫白醋，味纯酸。由于酸味单调，缺乏香味，且易长白膜，故质量不及米醋、熏醋。

酿造食醋在我国有悠久的历史，全国有许多著名的传统食醋品种。如山西的老陈醋、江苏镇江的香醋和四川的保宁醋等。

山西老陈醋是山西的特产，生产历史悠久，品质精良，别具风味，味浓烈而芳香。主要原料是高粱、谷糠、麸皮、大曲以及食盐、大料等，经过酒精发酵、醋酸发酵、熏醋和夏曝晒、冬捞冰等工序，较长时间陈酿形成。由于发酵期的物理和化学的变化，浓度不断增高，酸度虽高而无刺激感，曾获轻工业部和山西省命名的优质产品。

镇江香醋是江苏省镇江的特产。主要原料为糯米、籼米、碎米和谷糠等，是经固体发酵制成的产品，发酵中既有醋酸发酵，又有乳酸发酵，所以产生较好的芳香气味。加之经过炒色、烧煎过程，不仅使食醋香气更为突出，而且色泽也更为浓艳。其产品中还加有砂糖，使之味酸而不烈，与一般食醋相比，别具风味。

保宁醋产于四川阆中市（古称保宁府），距今已有三百多年的生产历史。保宁醋的生产原料不同于一般食醋，它除了用麸皮作为主要原料外，还加有少量的大米、小麦和近百味中药，经过制曲、发酵、淋坯、熬制而成。熬制过程能增加产品的香味、色泽和浓度。质量好的保宁醋，色呈乌红、味醇香，具有独特的风味。

人工合成醋是用冰醋酸加水稀释而成，称为醋酸醋。醋中含有醋酸3%~5%，酸味大，无香味，使用时应根据需要稀释和控制用量。由于冰醋酸有一定的腐蚀作用，调味效果并不好，所以目前市场供应极少。

酸味类的调味品除食醋外，还有番茄酱。番茄酱是由新鲜的成熟番茄去皮籽磨制的糊状物。因含有多种有机酸，如苹果酸、柠檬酸等，口味酸甜、颜色鲜红，亦是良好的做菜调味品。

四、鲜味类

鲜味是不能在烹饪中独立存在的味，需在咸味基础上才能使用和发挥，但是它是一种重要味别，为许多复合味型或菜点的调味不可缺少的味道。鲜味是人们在味感上所追求的美味。

（一）味精

味精是烹饪中常用的鲜味调品。它的化学名称叫谷氨酸钠(即谷氨酸一钠)，从大豆或小麦面筋及其他含蛋白质较多的物质中提炼制成，现多用淀粉经发酵制成。味精有的呈结晶状，有的呈粉末状，除含有谷氨酸钠外，还含有少量的食盐，我国规定按谷氨酸钠含量的多少分为六种规格（即 99%、95%、90%、80%、60%）。全国各地均有生产。

味精微有吸湿性，易溶于水，味道极鲜美，用水冲淡 3000 倍仍能感觉到鲜味。味精含鲜味与溶解度有很大的关系，在弱酸和中性溶液中，溶解度最大，具有强烈的肉鲜味；在碱性（食碱、小苏打）溶液中不但没有鲜味，反而有不良气味，因为谷氨酸一钠在碱性溶液中能变成没有鲜味的谷氨酸二钠。味精在 70℃～90℃时溶解度最好，而在高温下则能使谷氨酸一钠变成焦谷氨酸钠而失去鲜味，甚至产生毒性。味精在强酸性溶液中，溶解度极小，所以鲜味也很小。由此，在烹饪中使用味精不应过早地加入处在高温下的菜肴中，而在凉菜中，因温度低，不易溶解，鲜味发挥不出来，应用温开水溶后浇入凉菜。还应尽量地避免在碱性和酸性条件下使用味精，不致产生不良的变化。使用味精还要适量，用量多，会产生一种似咸非咸，似涩非涩的怪味。

味精不仅是很好的鲜味调味品，也是一种很好的营养品。因为味精的成分是由蛋白质分解出来的氨基酸成分，能为人体直接吸收，对改变细胞的营养状况，防止儿童发育不良、治疗神经衰弱等都有一定的作用。

目前，我国已出现以酵母味素为主要鲜味物质的调味品品种。是利用酵母经过浓缩分离后的酵母生物降解物。含有多种氨基酸、核苷酸，并且不含胆固醇，具有无法比拟的天然风味，被称为第三代味精。

（二）虾籽

虾籽是由虾类繁殖的卵籽干制而成。因含有丰富的卵黄蛋白，不仅营养丰富，而且具有强烈的鲜味，是一种传统的鲜味调味品，色呈棕红、微粒状，常作为烩菜、烧菜、蒸菜等的调味品，我国沿海各地均有出产。

（三）蚝油

蚝油是利用鲜牡蛎加工干制时煮的汤汁，经浓缩后调制而成的一种液体调味品。

蚝油含有牡蛎肉浸出物中的各种呈味成分，具有浓郁的鲜味，是我国广东等地的特产，色泽棕黑，汁稠滋润、鲜熏味浓郁。在烹调中既可做炒、烧菜肴的调味，又可做菜品味碟蘸食使用，主要起提鲜、增香、压异味、提色补咸的作用。

除上述品种外，还有虾油、鱼露等鲜味调味品，因使用范围都有较强的地方性，不一一作介绍。

五、香味类

香味类调味品是指用来增加菜品香味、具有浓厚香味的一类品种。香味呈复合味型味道，需在咸味香或甜味等味的基础上才能发挥。香味料品种很多，可分天然时料和合成香料两大类品种，根据香味类型又可分为芳香类、酒香类和苦香类等品种。

（一）黄酒

黄酒是用糯米或小米麦麸面酿造的有色酒，因色棕黄，故称黄酒。其成分主要有酒精、糖分、糊精、有机酸类、氨基酸、酯类、醛类、杂醇油及浸出物等。酒精浓度较低，一般在15%左右，因含酯类，所以香味浓郁，味醇厚。在烹制菜肴中使用广泛，是良好的香味调味品。

黄酒的调味作用主要为去腥、增香。特别是动物性原料的菜肴，更少不了它。因为肉、脏腑、鱼类的组织中和鱼类身体表面上的粘液里含有腥臊的三甲胺、氨基戊醛、四氢化吡咯等物质，这些物质易被酒精溶解，随着加热，与酒精一齐挥发，这样就除去了腥味。黄酒中的氨基酸还能与糖结合成芳香醛，产生诱人的香气。另外，黄酒中所含的酯类也有香气，故在烹调中能使菜肴除去异味，增加香味。

黄酒生产不很普遍，产地主要在浙江、福建、江苏、山东等省。著名的品种有浙江的绍兴酒、江苏的丹阳黄酒等。

1. 绍兴酒。起源很早，远在2300年前的战国时代，就已经开始酿造了。其主要原料为上等糯米和麦曲，经蒸煮投料、伴菜发酵，成酒后又入坛子密藏而成。储存的时间越长，酒味就越醇香。绍兴酒的特点：香气浓郁、口味甘顺、醇度适中，在国内久负盛名，其品种很多，常见的有加饭酒、元红酒、善酿酒、花雕酒等品种。

2. 丹阳黄酒。俗名陈酒。至今已有两千年历史，由桂花香糯、小红糯等上等糯米品种，经浸渍、蒸煮、拌药、发酵糖化、封缸等工序制成。酒味醇浓、清香扑鼻，既是良好的饮料酒，又是调味佳品。

（二）香糟

香糟由酿造黄酒的酒糟经加工而成。香味浓郁，含有10%左右的酒精，除有与黄酒同样的调味作用外，还能作一些菜肴的辅料。如糟熘鱼片、糟熘肉片、糟鱼等，烹制的菜肴有独特的风味，闽菜中多用此品，杭州、苏州等地的菜肴也有使用。

香糟可分白糟和红糟两种。白糟为绍兴的黄酒糟加工而成，但随着储存时间的加长，色加深呈黄、香味渐深。红糟是福建的特产，因酿酒时加入天然红曲米，色泽鲜红，具有浓郁的酒香味，在烹调中应用很广，烧、熘、爆、炝等菜均可使用。山东亦有香糟生产，由新鲜的墨黍米黄酒酒糟加15%～20%炒熟的麦麸及2%～3%的五香粉制成，香味异常。

（三）香料

香料指含有香味的植物的花、果、籽、皮及其制品的调味品原料。香料品种极多，各有其独特香味，在烹饪中应用广泛。有除异味，增香味和色彩，刺激食欲的作用。下面介绍几种烹调中常用的香料。

1. 花椒。花椒树的果实，一般在立秋前后成熟，果实呈红色或淡红，为良好的调味佐料。花椒的产地很广，河北、河南、山东、江苏、浙江、江西、福建、广东、四川、陕西均产。以四川产的质量为好，其皮红，味厚。以河北、山西产量为高。

花椒含有花椒油香烃、水芹香烃、香叶醇、香草醇等化学成分。生时呈麻味，炒熟后香味才溢出。在烹调中，果实能直接用于冷菜的卤制及炖、焖的菜肴，以增香味；也能研制成粉末后使用，如花椒粉、花椒盐、葱椒盐；还能与其他香料配制成复合调味品，如五香粉。花椒含有丰富的脂肪，榨油率可达25%以上，有浓厚的香味，是一种很好的食用油。

2. 大茴香。又名大料、八角。是八角茴香的果实，原产于亚洲的东南部，印度、越南、菲律宾等国均普遍栽培，我国盛产于广东、广西等地。颜色紫褐，呈八角，形状似星，有甜味和强烈的芳香味。香气来自其中的挥发性茴香醛、茴香脑、甲基黑椒酚等。

茴香是制作冷菜及炖、焖菜肴中不可少的调味品，其香味浓郁为其他香料所不及，也是加工五香粉的主要原料。

与大茴香相似的莽草，为日本所广植，称为日本八角茴香，但含有生物碱的莽草毒，毒性强烈，不能使用。

3. 小茴香。草本植物茴香菜的籽实，呈灰色，形如稻粒，夏季采收。产地较广，以四川、陕西、宁夏所产为好。小茴香香味浓郁，其味取自小茴香酮、大茴香脑、大茴香醛等成分。常与大茴香一起使用，适用于腥膻味强的动物性菜肴的制作，有去腥解腻作用。小茴香也是五香粉原料之一。因小茴香性热，在药用上有健脾开胃、理气、祛风散寒等疗效。

4. 桂皮。樟料植物桂树的皮，经干燥后，卷曲呈圆筒形或半筒形，外面带红棕色，内面呈棕色或类似红棕色，有中国桂皮、斯里兰卡桂皮、西贡桂皮与印度尼西亚桂皮等品种，中国桂皮产于广东、广西、浙江、湖北、安徽等地。桂皮含有桂皮醛、桂酯类、丁香油酚等成分，有愉快的香味，作用与茴香相似。常用于腥臊味较重原料的调味，也是五香粉的主要原料。产地亦有用鲜叶作调味的。

桂皮分桶桂、厚肉桂、薄肉桂三种。桶桂为嫩桂树的皮，质细、清洁、甜香、味正，呈土黄色，质量最好，新鲜时可切碎做炒菜调味品。厚肉桂外皮粗糙，味厚，皮色呈紫红，炖肉最佳。薄肉桂外皮较细，肉纹细、味薄、香味少，表皮发灰色，里皮红黄色，用途与厚肉桂相同。

5. 丁香。丁香树的花蕾，呈紫红色时摘下干制而成，成品暗棕色或棕黑色，有钝四棱形近圆柱形花托，下端稍狭细，上端载四瓣分裂三角形的萼，含有丁香油酚、丁香油萜和醇类物质，味香而辛，有轻微的麻痹感。我国在汉朝已作香料调味，主要产地有南洋群岛、越南、非洲桑给巴尔等国，我国海南岛等地也产，以马来西亚槟榔屿所产为好。

6. 肉豆蔻，又名玉果，为肉豆蔻植物的种子成熟后除去种皮，经干燥后所得。呈钝卵形或椭圆形，外面现淡棕色或暗棕色，加工成粉末呈红棕色，为咖喱粉原料之一。含有肉豆蔻素、丁香酚、松油酚等成分，味香而辛，具有强烈的芬芳。主要产于印度、印尼、巴西及我国广东等地。

7. 五香粉。是由各种香料加工混合制成的香味调味品，呈粉末状，微红，综合香味型调料。常用于冷菜的制作。五香粉各地配方不一。这里介绍三种配方：①八角茴香粉 1 千克、小茴香粉 3 千克、桂皮粉 1 千克、五加皮粉 1 千克、丁香粉 0.5 千克、甘草粉 3 千克。②花椒粉 1 千克、小茴香粉 4 千克、桂皮粉 1 千克、甘草粉 3 千克、丁香粉 1 千克。③花椒粉 1 千克、八角茴香粉 1 千克、小茴香粉 1 千克、桂皮粉 1 千克。

8. 桂花卤。由桂花糖渍而成。香气芬芳，常用于甜菜中，在点心制作中用途甚多。桂花卤主要产于江苏、浙江。

除上述介绍过的香料以外，在烹调中，各地使用的香料还有紫苏、砂仁、白芷、莳萝等。它们都有不同的除异味、增香味的作用。

六、辣味类

辣味是通过强烈刺激的一种味感反应。在烹饪中也不能独立运用，需与其他诸味配合才能发挥作用，是形成各种辣味型复合味的重要味别。

在烹调中使用的辣味调味品多为辣味原料的加工制品。如辣椒，具有强烈的辣味，除作菜肴的配料，以增辣味之外，常加工成各种辣味调味品，以辣味品调味菜肴别具一格，我国的川菜、湘菜使用极为广泛，并以此而闻名。辣味能开胃，增进食欲，促进消化，因此，辣味品也是人们所喜欢的家常调味品。辣味类的调味品主要有胡椒粉、辣椒制品、芥末粉等。

（一）胡椒粉

胡椒粉是由胡椒果实碾压而成，有黑胡椒粉和白胡椒粉两种。胡椒果实成熟后，摘取晒干碾成粉末称为黑胡椒粉，呈灰棕色。成熟的果实用盐水或石灰水浸渍后，在阳光下晒干，用脱皮机除去果皮再碾成粉末即为白胡椒粉。白胡椒粉苛烈味及芳香均较黑胡椒粉为弱，惟气味较佳，故市场供应较多。胡椒粉含有胡椒碱和挥发油等成分，味苦辣而芳香，是良好的辣味调味品，多用于腥味较大的菜肴制作，如炒鳝鱼、烩鱿鱼等。

（二）辣椒制品

辣椒果实经干制后可加工成各种辣椒制品，如辣椒酱、辣椒粉、辣椒油等。辣椒粉末与酿造酱可加工成辣酱，新鲜的红辣椒经碾磨熬制成糊状物也叫辣椒酱。辣椒晒干后经碾成粉末即可制成辣椒粉。辣椒成熟后变红的干辣椒与油熬制可制成辣椒油。因为辣椒含有苛烈性的辣椒素成分，其各种制品辣味均很强烈，加工后的制品也因辣椒含有红色素多呈黄棕色或棕红色。在烹调中应用广泛，拌菜、烧菜、炒菜均可使用，亦可蘸食。

（三）芥末粉

芥末粉由芥菜籽碾磨而成。有黑芥末粉和白芥末粉两种，分别由两种不同品种的芥菜籽制成。黑芥末粉为黄棕色，味极刺鼻带辛辣；白芥末粉呈淡黄色，味亦刺激。两者成分相似，苦辣味主要由芥末油产生，芥末粉多使用于凉拌菜，吃时须把芥末粉与水调成芥末糊，放在炉边烤后或用开水冲后再食用。亦可放汤内食用，还可制作辣酱油。芥菜在我国南方栽培比较普遍。

七、苦味类

苦味是五味之一，广泛存在于食物原料中，是一种并不令人愉快的味感。苦味的调味品相对较少。苦味虽为人们所不喜欢，但使用配合得当，便会形成一种特殊的风味。它具有口感清爽，增进食欲的作用。苦味调味品一般都兼有香味，所以又可归于香味调味品中。品种主要有陈皮、柚皮、草果、山柰、茶叶等。

陈皮是成熟柑橘果皮的干制品，经干燥保藏陈久者为好，因此得名。陈皮含有柠檬萜、橙皮甙等成分，味苦而芳香。在烹调中多用于炸、烧、炖、炒等方法制作的动物性菜肴，起除异味、增香、提味、解腻的作用。以广东使用为多，如陈皮大鸭、豹狸烩三蛇、红扒羊肉等都需应用。在使用时需将陈皮用热水浸泡，使苦味水解，同时使陈皮回软、香味外溢。鲜柑橘皮使用效果亦好，可加工成细粒状，作调味、配料运用。

八、其他调味品

除上述介绍的七类调味品外，还有一些品种味别比较复杂，即复合调味品，都为加工复制品。

（一）太仓糟油

太仓糟油又叫五香糟油，是江苏太仓市老意诚糟油厂生产的一种别具风味的调味品。已有近百年的生产历史。它以白糯米浸水蒸熟，加入甜酒药，入缸发酵，酿成酒浆原液，储藏一个月后调入丁香、桂皮、甘草、陈皮、香菇、花椒、大小茴香、玉竹、荤屑、白芷、神曲等香料和精盐，然后掺进糟油底子，密封储藏一年后制成。其口味咸香鲜，具有解腥、提鲜、开胃的作用，可用于菜肴的制作，如氽糟鱼、凉拌虾等，也可用以腌制糟蛋，还可用作水饺、馄饨、包子的佐料。

（二）腐乳

腐乳又称酱豆腐，它是用大豆或豆饼先制成腐乳白坯，然后引入菌种发酵、腌制、加入汤料、装坛密封制成。因加入的汤料成分不同，可分红腐乳（红方）、青腐乳（青方）及白腐乳三种。口味亦有差异，著名的有绍兴腐乳、北京腐乳、黑龙江的克东腐乳、四川辣腐乳等。腐乳在发酵过程中，微生物使大豆蛋白质水解，产生多种氨基酸。因此，腐乳具有强烈的鲜味、浓郁的香味及咸味。有的呈香辣味，有的呈鲜咸味，用于烹饪，有调色和调味的作用。制作的菜肴别具风味，如腐乳虾、腐乳肉等。

（三）豆豉

豆豉是大豆的酿造制品之一，有咸、淡之分。咸豆豉为制酱的产品，入药的为淡豆豉，用黑大豆加工制成，制作方法为：大豆经过选择、浸渍、蒸制后，用少量面粉拌制，另加米曲菌种发酵3~4天，再酌加食盐和酱油拌和密封储存即成。味鲜咸，可佐餐，也可调味，是独具特色的调味品。其特点是成品黑色粒状、醇香、味美、可口，以南方食用较多。根据水分大小和口味不同，可分湿、干两种。北京生产的豆豉呈豆瓣状，比较湿。其他地方产的呈粒状，盐分少、味淡，其中以湖南、四川的产品最好。湖南豆豉的原料是大黄豆，颜色发黑，有异香；四川豆豉的原料是黑豆，制作时另加辅助原料，有五香味。豆豉可用于豆豉豆腐、回锅肉、炖肉、炖鱼等菜肴的调味。

（四）复制粉状调味品

1. 香辣粉。由干辣椒、陈皮、小茴香、辣椒子、大料、花椒、干姜、桂皮等磨成粉状混合而成。成品色呈棕红。既有香味又有辣味，可用于拌冷菜及动物性原料的菜肴制作。

2. 鲜辣粉。由白胡椒粉和味精混合而成。制品微黄，具有胡椒的香辣味和味精的鲜味，在菜肴中调味及小吃佐餐比较多。

3. 花椒盐。由精盐和花椒粉混合而成，在饮食业亦能自己加工，常用于炸菜的调味。

4. 咖喱粉。以姜黄粉（中药料）为主，加上其他香辛原料碾制而成。颜色姜黄，味辣而香，主要产于上海。咖喱粉使用较广，西菜、中菜都有使用，尤为西餐中重要的调味品。用咖喱粉调味的菜肴在色、香味方面都富有特色。咖喱粉配制的用料和比例一般为：每 50 千克咖喱粉需姜黄 30 千克、白胡椒 6.5 千克、胡荽籽 4 千克、小茴香 3.5 千克、碎桂皮 6 千克、姜片 1 千克、八角 2 千克、花椒 1 千克。咖喱粉和油熬制可制成咖喱油。

第三节　调味品的品质检验与保管

调味品的品种繁多，性质各异，其质量指标及保管也各不相同。下面就常用的主要调味品品质感官指标及其保管知识做些介绍。

一、食盐

（一）食盐的品质指标

食盐的品质指标主要有以下三方面：

1. 结晶状况。纯净的盐，其结晶为六面体；含杂质较多的盐，则为多面或不规则的结晶体。由于品种不同，加工程度不同，其结晶体的大小、状况及湿度也各不相同。凡结晶体颗粒整齐而规则者，盐质较优。

2. 色泽。食盐的色泽在一定程度上反映其纯净度。优质盐应为白色；质量次的盐，则因含有不同种类的杂质而呈红色、黄色（含有氧化铁）或黑色（含有碳化氢）。例如，精制盐色白其纯度大大高于粗盐。

3. 咸味。纯净的盐应该具有正常的咸味；而含有钙、镁、钾等杂质时，咸味稍带苦涩，含泥沙杂质时有牙碜的感觉。

（二）食盐的保管

食盐吸湿性强，易溶水，如果空气中的湿度超过 70%，就会使盐发生潮解，严重的潮解能使食盐化成卤水，而降低质量。但当空气中相对湿度降低时，也能使盐中水分蒸发而干缩。如食盐发生潮解，后经干缩就会结块，这是盐溶液再度结晶而胶结在一起所致。因此，食盐应放在缸、罐等陶器中并盖上盖子，以减少与空气的接触，防止产生潮解、干缩和结块等现象。

二、食糖

（一）食糖的品质指标

食糖的品质可从色泽、晶粒状况、气味和滋味以及糖水溶液的纯净度来判定。

1. 色泽。各品种的食糖都有本身应具备的色泽。白糖的色泽应为洁白明亮。如含有较多杂质或还原糖时，其色就较深暗。红糖则应有均匀、光亮的浅黄色，如颜色过深或深浅不匀，其质量较差。

2. 晶粒状况。品质优良的食糖晶粒大小均匀一致，晶面整齐而明显，并富有光泽。如果晶粒不均匀则表明其中含有杂质，质量较差。

3. 气味和滋味。凡食糖都应有纯正的甜味，不能有焦苦味或外来异味和发酵味。如果食糖存在以上各种味，主要是由食糖生产加工时糖汁提净不彻底，熬炼蒸发时温度过高，以及糖在保管过程中，食糖受潮表面发酵而产生。

4. 糖溶液的纯净度。食糖中杂质的多少可以通过食糖的水溶液来鉴定。杂质少的糖，水溶液呈透明液体；含有杂质的溶液则混浊或有沉淀物存在。

（二）食糖的保管

食糖对外界湿度变化很敏感，容易吸湿溶化，或发生干缩结块现象。

食糖的吸湿溶化与食糖中的还原糖、灰分等含量有密切的关系。当空气湿度较大时，食糖便开始吸湿，并随着水分的增加，糖粒发粘还潮，逐步溶化，严重时会出现卤泡、流汤。所以在多雨季节，特别要注意防止食糖的溶化。

食糖的干缩结块，是食糖受潮后的另一种变化。当受潮后的食糖遇到空气骤然干燥，食糖表面的水分散失，又开始重新结晶，将原来受潮的糖粒粘在一起，形成坚硬的糖块。结块现象一般在红糖、赤砂、绵白糖中容易发生。结块的食糖会影响外观质量，给食用及烹调带来不便。防止食糖结块，首先要从防潮着手。因此，根据食糖容易吸潮溶化，干缩结块的特点，保管食糖应采取以下措施：

1. 食糖购进后，应严格检查其是否已经受潮，如发现已有轻微受潮现象，就不宜存放，应尽先使用。

2. 绵白糖、赤砂糖、红糖含还原糖较多，不宜堆叠存放，以防挤压结块。

3. 含水量正常的食糖存放时，可用防潮纸、塑料布、棉被、苫布等隔水物料遮盖，以防止外界湿度的影响。

4. 存放食糖应选择干燥、通风较好的场所，不宜和水分较大的或有异味的烹饪原料存放在一起。糖缸、糖垛下面应有木板垫底，防止地面水分对食糖的影响。

5. 对保管中的食糖应经常检查，如发现受潮现象，应及时处理。

6. 如果食糖出现结块现象，可将已经结块的糖包或糖块放在湿度较大的地方，蒙上湿布，使之重新吸潮而散开（不能过分回潮），然后尽先使用。结块的食糖不能用敲打的方法弄散。

7. 食糖还容易招蝇，感染细菌或发酵变味。因此，储藏的场所应保持清洁，注意防蝇、防鼠、防尘、防止沾染异味，放在缸里要加盖。

三、酱油

（一）酱油的品质指标

1. 性状。正常的酱油为淡褐色澄清之稠液体、无霉花浮膜、无肉眼可见的浮物，放置24小时无显著沉淀，如上述性状变化，质量即较差或已变质。

2. 气味。酱油应有爽快之芳香气味，而不应有焦、腐、酸败或令人厌恶的气味。

3. 滋味。酱油的滋味为甘咸而鲜美，如有异味及其他不良的余味则质较差。

（二）酱油的保管

在夏季，酱油会发生“长醭”的现象，这是微生物中膜酵母菌繁殖的结果。酱油被膜酵母菌感染后，最初在表面产生灰白色的小点，逐渐扩大到整个表面，形成一层有皱纹的皮膜，继续发展就变为一层厚厚的白膜。这层白膜不仅污染酱油，使之香气消失，滋味变淡变苦，而且会产生霉臭味，严重时不能食用。产生膜酵母菌繁殖最适宜的温度是25℃～30℃。因此，在高温季节，酱油最易长白膜，尤其是散装的酱油，为了防止白膜的产生，在盛酱油之前，应将容器用开水冲洗干净，盛装的酱油要用干净的纱布封盖，置于阴凉干燥处，防止雨水、生水进入酱油内。如酱油产生白膜，应立即把表面的白色浮膜捞去，并将酱油适当加热杀菌，一般加热到80℃左右，几分钟后就可把膜酵母菌杀死，原容器也应洗干净再装入酱油。对固体酱油也应放置在干燥的地方，防止受潮变味，使用时，须按所用量化开，以免使用不完，存放过长产生白膜影响质量。

四、食醋

（一）食醋的品质指标

1. 性状。食醋应为深浅不同的棕黄色或棕红色，澄清透明，无沉淀及浑浊情况，无霉花浮膜及夹杂物等，如无上述性状即质量较差或已变质。

2. 气味。食醋具有固有的气味及醋酸气味，如有其他不良气味，则表明质量已发生变化。

3. 滋味。食醋具有固有的酸味，芳香可口，不应有其他不良异味。

（二）食醋的保管

食醋在高温季节也易“长醭”，其原因与酱油长醭一样，因此食醋也应在阴凉的地方存放。注意盛器的清洁卫生，发现长醭也应及时过滤去尽白膜，稍加热并及时使用。

食醋含有醋香味易挥发，存放应密封。由于加工生产或保存条件不洁，食醋中会产生醋鳗和醋虱等寄生虫，引起混浊及生霉。凡此情况产生，食醋为不良品质，不宜食用，应废弃。

五、味精

（一）味精的品质指标

1. 性状。为白色结晶或粉末、干燥、无结块及发霉现象，无肉眼可见的夹杂物。

2. 气味。正常、无其他化学药品的气味及不正常的变质气味。

3. 滋味。滋味鲜美，带有咸味（含氯化钠）无苦味、霉味、涩味及其他不良异味。

（二）味精的保管

味精具有吸湿的特点，吸湿后会结块，结块的味精对食用没有什么影响。但使用起来不方便，时间久了也会变质，产生不正常的滋味。因此，应存放在塑料袋内或玻璃瓶内，使用后要盖严、封口，并放在阴凉干燥的地方。

六、黄酒

（一）黄酒的品质指标

黄酒的感官品质一般从色泽、气味、滋味等方面来判定。凡色泽呈浅黄澄清、不浑浊、无沉淀物，具有爽快的甜香味，无异样气味，滋味醇厚稍甜、无酸涩味等均为良好的品质；反之，则差。

（二）黄酒的保管

由于黄酒是低酒精的酿造酒，容易引起细菌的感染，造成酸败。特别在夏季启用后，易受温度的影响，如长时间放在炉灶边，或因天气热与空气接触时间长，都会引起酒的变质，使酒浑浊不清，产生酸味。因此，保管黄酒时，应将其存放在阴凉通风处，适宜的温度为15℃～25℃。启用后应随时盖好，且不宜久放，防止细菌、尘埃混入。有时未启用的酒会出现少量的沉淀物，通常称之为“酒脚”。这是黄酒本身纯度不够，保管时间较长产生的自然现象，非变质造成，一般不妨碍使用。

七、香料

（一）香料的品质指标

香料大多是植物性原料的果实、皮、花等干制的。因此，其品质的好坏，主要从感官性状来衡量，凡保持原有性状和色泽，整齐、干净、无杂质、无霉变现象、无虫、香味浓郁、无其他异味均为上品，反之则差。

（二）香料的保管

香料由于是干制品，必须以密封的盛器存放。在干燥的地方，防止吸湿受潮而变质，防止香味挥发减少。香料也不宜存放太久，否则，香味也会减少，丧失香料的作用。

思考题

1. 什么叫调味品？调味品的特点和作用是什么？

2. 调味品所反映的味有哪几种？每种味来源于什么物质？

3. 调味品有哪几种分类方法？按味分可分为几类？每一类包括哪些主要品种？

4. 食盐有哪些品种？主要产地在哪里？

5. 食糖有哪些品种？它们各自的质量如何？

6. 使用味精应注意哪些问题？

7. 食盐、食糖、味精在保管过程中可能会出现哪些问题？怎样防止这些问题？

8. 酱油为什么会长醭？怎样防止和消除长醭？

9. 黄酒在烹调上有何调味作用？为什么？

10. 食醋有哪些著名品种？它们各自有什么特点？